Die schönsten Bänder und Borten

Alte Handarbeiten –
neu entdeckt

Die schönsten Bänder und Borten

Kreuzstichstickerei

von Hedwig Diers
und
Mechthild Dünninghaus

Landwirtschaftsverlag GmbH
Münster-Hiltrup

Weitere Titel der Reihe
„Alte Handarbeiten – neu entdeckt“:

- Diers, Leinenstickerei
- Diers/Dünninghaus, Kreuzstichstickerei
- Schleip, Occhi

Fotos: Stoll, Arnsberg

Gesamtherstellung:
Druckerei des Landwirtschaftsverlages GmbH,
Münster-Hiltrup, Oktober 1992

ISBN 3-7843-2540-8

Inhalt

Wachsendes Interesse an der Kreuzstich-stickerei

Das Interesse an schönen Kreuzstichstickereien wächst ständig. Kein Wunder, denn die Kreuzstichstickerei ist eine leicht zu erlernende Handarbeitstechnik. Hinzu kommt, daß wir heute ein umfangreiches Angebot an guten Leinenstoffen und schönem Stickgarn in den herrlichsten Farben haben.

Die vielseitigen Gestaltungsmöglichkeiten beim Kreuzstich sind sicherlich auch ein Grund dafür, daß immer mehr Handarbeits-Fans diese alte Handarbeitstechnik zu ihrem liebsten Hobby machen. Dabei kommt es nicht darauf an, komplizierte Muster zu sticken. Ganz einfache, einfarbige Stiche reichen oftmals aus, um damit große Wirkungen zu erzielen. Entscheidend ist die Freude an dieser Tätigkeit selbst.

Mit diesem Buch möchten wir Ihnen Anregungen und Anleitungen insbesondere für schöne Bänder und Borten geben.

Mit Hilfe der Alphabete können Sie bei Ihren Stickereien Ihre ganz persönlichen Namen und Daten einfügen. Vielfältig sind auch die Möglichkeiten, hübsche kleine Geschenke mit feinen Kreuzstichstickereien anzufertigen.

Ausführliche Informationen über die Technik und Anwendung des Kreuzstiches erhalten Sie in dem ersten Band der Kreuzstichstickerei, der auch im Landwirtschaftsverlag in Hiltrup erschienen ist.

Die vielen Farbfotos mit den schönsten Stickereien werden Sie sicherlich für die Kreuzstichstickerei begeistern.

Hedwig Diers
Mechthild Dünninghaus

Der Fachhandel bietet eine reiche Auswahl an Leinenbändern.

Was man für die Kreuzstichstickerei braucht

Ihre selbst geschaffenen Handarbeiten sind Kostbarkeiten, für die Sie stets nur Stoffe und Garne bester Qualität verwenden sollten.

Für alle Kreuzsticharbeiten gilt: Der Grundstoff muß quadratisch gewebt und die einzelnen Fäden zählbar sein, d. h. Kette und Schuß müssen die gleiche Dichte aufweisen, damit ein regelmäßiges Stickbild erreicht wird. Diese zählbaren Grundstoffe gibt es in den verschiedensten Fadenstärken, z. B. Fadenstärke 7, 8, 10, 11, 12 und 14 auf den Zentimeter. Das achtfädige Leinen ist also gröber als das vierzehnfädige.

Aufgedruckte oder aufgebügelte Kreuzstichmuster auf einem beliebigen Stoffgrund ohne Rücksicht auf die Fadenstruktur sind abzulehnen. Diese Kreuzstichstickereien haben keinerlei Zusammenhang mit der Stoffstruktur. Bei der fadengebundenen Stickerei werden die Kreuzchen in den Stoff hineingestickt und bilden mit ihm zusammen eine Einheit.

Ehe Sie Ihren Stoff einkaufen, sollten Sie sich über die Größe der Stickerei klar sein. Länge und Breite eines Musters richten sich stets nach der Stichgröße und diese ist wiederum von der Gewebedichte und der Anzahl an Gewebefäden (Fadenkaros) abhängig. Am besten zählen Sie die Fäden für ein größeres Motiv vorher aus.

Im Fachhandel erhalten Sie ein vielfältiges Angebot an Bändern aus Leinen und Baumwolle in den unterschiedlichsten Breiten und Farben. Es gibt sie aus gebleichtem und ungebleichtem Leinen mit 8, 11 oder 12 Fäden auf 1 cm. Sie

Eine Umhängelupe erleichtert das Auszählen der Gewebefäden.

können wählen zwischen einfachen Bändern und solchen mit eingewebter Schmuckkante. Bei den farbig abgesetzten Bändern sollten Sie die Farbe mit Ihrem Stickgarn möglichst genau abstimmen.

Sie können auch Bänder aus vorhandenem Leinenstoff selbst herstellen und mit einem schmalen Hohlsaum umranden. Dies erfordert etwas mehr Geduld, ist dafür jedoch preiswerter.

Alle in diesem Buch vorgestellten Kreuzsticharbeiten wurden mit MEZ-Nordin gearbeitet. Es ist ein reines Baumwollgarn, das in vielen schönen Farben im Fachhandel erhältlich ist und in Strängen von 20 m aufgemacht ist. Bei gröberen Stoffen können Sie mit dem Nordin-Garn auch zweifädig stikken. Achten Sie stets darauf, daß Garn und Gewebe im richtigen Verhältnis zueinander stehen.

Selbstverständlich können Sie die Modelle in diesem Buch auch mit MEZ Sticktwist (Farbtabelle) arbeiten. Da dieses Stickgarn sechsfädig geliefert wird, muß man es entsprechend teilen.

Benutzen Sie beim gezählten Kreuzstich immer eine Nadel ohne Spitze, um das Anstechen der Gewebe- und Stickgarnfäden zu vermeiden. Verwenden Sie am besten bei Stickgarn MEZ-Nordin Nadeln Nr. 24.

Plagen Sie sich bei Ihren Handarbeiten nicht mit stumpfen Scheren herum. Ihre Stickschere sollte klein, schmal, scharf und spitz sein.

Mit einem Stickrahmen kann man sich die Stickarbeit erleichtern. Der Stoff ist damit während des Stickens gleichmäßig gespannt und die Kreuzstiche werden gleichmäßiger. Falls Sie für Ihre Handarbeit feines Leinen verwenden, können Sie mit Hilfe einer Umhängelupe die einzelnen Fäden besser abzählen (siehe Foto). Sie haben dabei beide Hände frei und können den Trageriemen für sich passend einstellen.

Farbtabelle Coats Mez

Farbbenennung	MEZ Sticktwist	Nordin Baumwoll-Stickgarn	Farbbenennung	MEZ Sticktwist	Nordin Baumwoll-Stickgarn
weiß	1	2	brombeer	100	100
naturweiß	926	926	dunkellila	102	112
schwarz	403	403	blauviolett	119	119
schwarzbraun	382	381	navy	152	403
dunkelbraun	380	360	marine	152	127
kastanienbraun	359	358	nachtblau	127	123
mittelbraun	358	905	dunkelblau	150	150
braun	936	379	neptun	147	940
graubraun	905	903	mittelblau	979	979
schilfbraun	277	277	himmelblau	146	146
rostbraun	355	355	stahlblau	162	146
zimt	374	373	enzian	134	134
gelbbraun	901	907	blau	147	147
vanille	361	372	saphirblau	122	122
sand	391	391	lagune	978	978
beige	387	390	dunstblau	144	144
dunkelbeige	854	843	eisblau	9159	9159
sahara	392	392	hellblau	120	120
hautfarbe	6	778	graublau	398	920
alabaster	275	275	taubenblau	922	922
marzipan	386	300	hellgrau	234	397
hellgelb	292	292	asphaltgrau	399	398
pfirsichgelb	301	301	pflastergrau	235	398
sonnengelb	305	290	silbergrau	900	900
zitronengelb	289	288	schiefer	401	233
dunkelgelb	279	279	anthrazit	400	400
goldgelb	891	891	blei	815	393
hellorange	302	306	dunkelschiefer	236	400
mandarine	314	313	gelbgrün	254	264
braunorange	324	324	grasgrün	257	242
orange	322	338	laubfrosch	226	244
lachs	328	10	zartes hellgrün	264	842
hellziegelrot	333	35	birkengrün	261	266
ziegelrot	326	326	mittelgrün	215	215
hellrosa	48	968	grün	214	261
rosa	49	49	kräftiggrün	216	216
kräftigrosa	50	75	dunkelgrün	210	217
altrosa	76	970	flaschengrün	246	246
pink	63	77	weinlaub	267	267
flamingo	36	36	helloliv	845	845
erdbeere	41	40	oliv	269	269
hellrubin	39	895	dunkeloliv	862	862
rubin	896	896	smaragd	230	242
dunkelrubin	897	897	giftgrün	188	188
feuerrot	19	47	turmalin	187	185
purpur	9046	13	blautanne	212	218
orangerot	335	9046	tannengrün	217	877
kirschrot	59	59	helltürkis	167	928
zartflieder	103	95	türkis	169	170
flieder	970	96	grüntürkis	895	168
erika	969	969	petrol	779	850
hellila	97	109	seegrün	168	168
lila	98	98	bonbongrün	206	206

Praktische Tips für eine fachgerechte Handarbeit

Die Webkanten an Ihrem Handarbeitsstoff sollten Sie stets abschneiden, denn sie verziehen sich nach dem Waschen. Die Schnittkanten sind vor Stickbeginn gegen das Ausfransen mit einem Zickzackstich zu sichern. Zu Ihrer Erleichterung ist die Mitte der Muster durch kleine Pfeile gekennzeichnet. Nach Möglichkeit sollten Sie die Muster von oben nach unten sticken. Verkleinerte Motive lassen sich mit Hilfe eines Kopierers leicht vergrößern, um die Stickschrift besser lesen zu können. Sticken Sie den Kreuzstich über zwei, höchstens über drei Fäden! Eine größere Fadenzahl ist schwer zu übersehen.

Die Stärke des Stickgarns sollte so gewählt sein, daß der Kreuzstich den Stoff völlig bedeckt. Eventuell den Stickfaden doppelt nehmen. Vernähen Sie den Anfang des Stickfadens stets ohne Knoten. Wenn Sie den Fadenanfang parallel nach rechts zu der noch zu stickenden Reihe legen, können Sie ihn einfach übersticken. Dabei erhalten Sie auf der Rückseite der Stickerei ein sauberes Bild.

Soll der Stickfaden bei einem Muster zu einer weiter entfernten Stelle geführt werden, so ist das Überspannen auf der Rückseite zu vermeiden. Der Faden wird vorher in der fertigen Stickerei vernäht und an der betreffenden Stelle neu eingenäht.

Soll eine Borte über eine Ecke fortgestickt werden, kann man mit Hilfe eines ungerahmten Spiegels eine gute Lösung finden. Dabei sollte man den Spiegel genau in der Diagonale senkrecht aufstellen. Ist eine brauchbare Lösung gefunden, markiert man die betreffende Stelle im Zählmuster auf dem Kästchenpapier mit einer Bleistiftlinie. Ab dieser Diagonale ist das Muster in gegengleicher Richtung über Eck zu ergänzen. Mit Hilfe dieses Spiegels können Sie auch vorhandene Muster erweitern, z. B. Borten zu Flächenmustern gestalten. Zum Aufzeichnen benutzen Sie am besten sogenanntes Patronenpapier, das leider im Fachhandel selten vorhanden ist. Notfalls können Sie auch Karopapier verwenden.

Sie sollten Tischbänder stets von der Mitte aus zu beiden Seiten hin besticken. Die Mitte der Schmalseite ist durch Auszählen der Fäden zu ermitteln.

Aus Platzgründen mußten einige Muster enger zusammengerückt werden. Die richtigen Abstände sind in der Anleitung in Zentimetern angegeben.

Bedenken Sie: Jede Handarbeit ist ein Unikat und deswegen sollten Sie in Ihre Stickerei Ihre Initialen einsticken und dazu die Jahreszahl der Anfertigung.

Mit einem Spiegel lassen sich Muster verändern.

Pflegeanleitung für Ihre Stickereien

Wollen Sie lange Freude an Ihren Handarbeiten haben, so gilt es, einige Dinge zu beachten:

Den Handarbeitsstoff stets nach der Stickarbeit waschen, denn die Appretur erleichtert das Sticken. Waschmittel sollten keine Aufheller oder Weißmacher enthalten. Spülen Sie das Wäschestück wiederholt in kaltem Wasser gut aus und legen Sie es zum Trocknen auf ein weißes Tuch. Stoffe aus Leinen möglichst nicht schleudern oder zu fest ausdrücken. Es bilden sich dabei Knitterfalten, die sich beim Bügeln schlecht glätten lassen. Die Stickerei vor dem Bügeln nicht feucht zusammenrollen. Zum Bügeln legen Sie die bestickte Fläche mit der rechten Seite nach unten auf eine weiche Unterlage.

Die Abbildungen 1–3 zeigen das Arbeiten von waagerechten Reihen in je 2 Arbeitsgängen von oben nach unten. Am Punkt A beginnen Sie die Hinreihe mit den Unterstichen, die von links nach rechts gearbeitet werden. Arbeiten Sie dann die Deckstiche.
Abb. 2: Die Unterstiche sind von links unten nach rechts oben, die Deckstiche von rechts unten nach links oben zu sticken.
Abb. 3 zeigt Ihnen den Übergang zur nächsten, gleichlangen Kreuzstichreihe.
Vom letzten Deckstich aus stechen Sie über die doppelte Anzahl von Gewebefäden nach unten und beginnen dort mit der neuen Reihe.

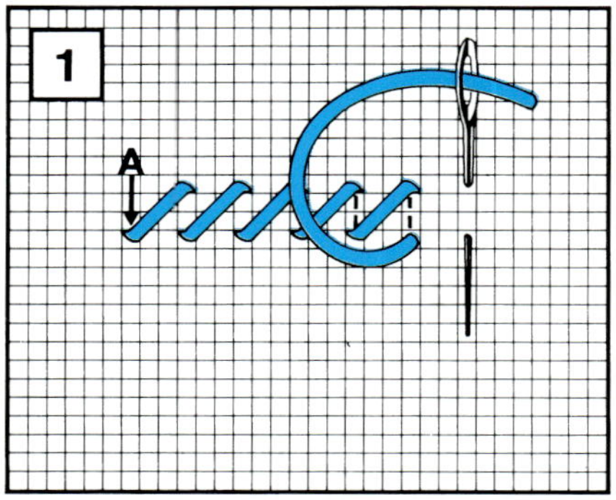

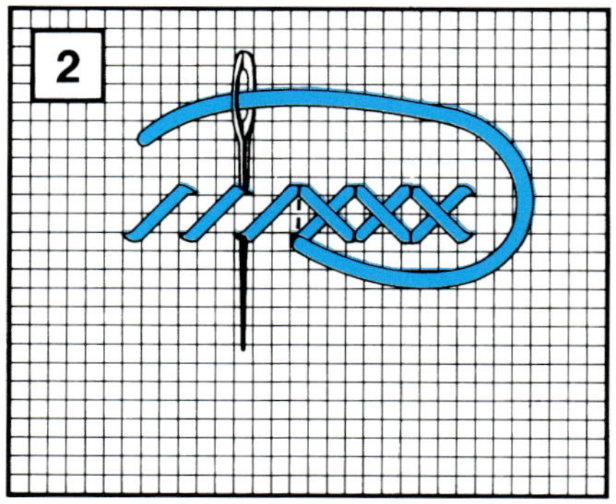

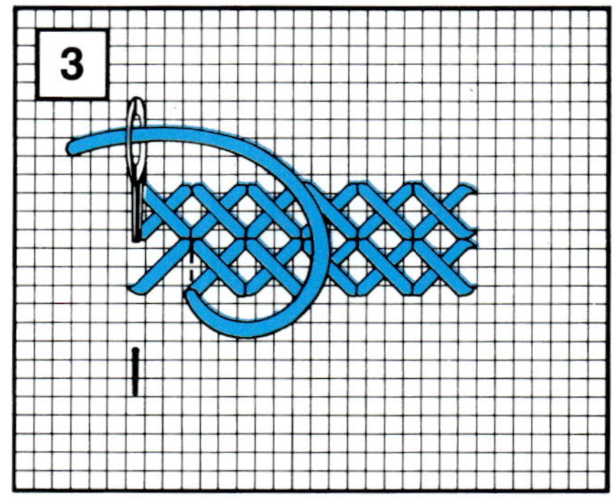

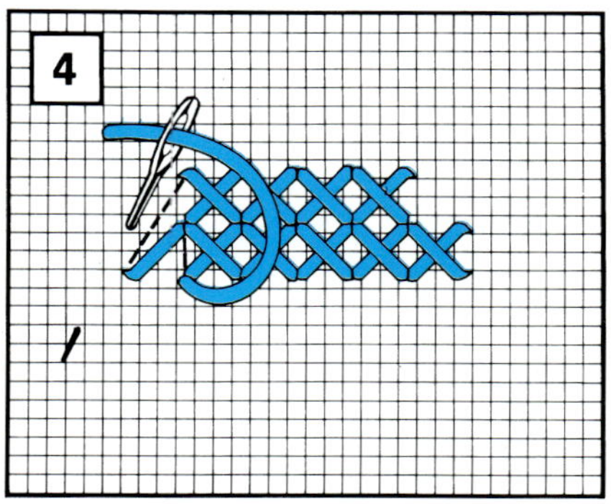

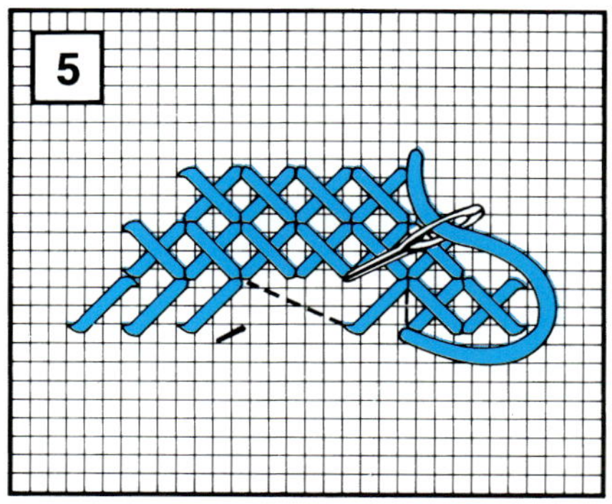

Abb. 4: Verschiebt sich der Reihenbeginn um 1 oder 2 Stiche nach außen, stechen Sie vom letzten Deckstich aus über die doppelte Anzahl der Gewebefäden schräg nach unten. Gleiches gilt für eine Verschiebung nach innen.
Abb. 5 zeigt, wie Sie Zwischenräume von 1 oder 2 Stichen in der Reihe übergehen können.

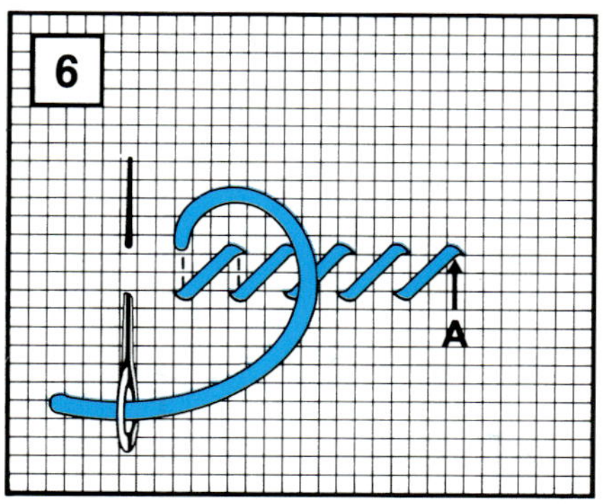

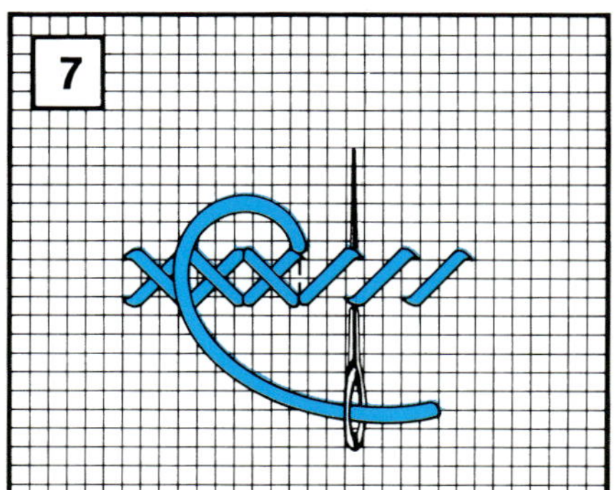

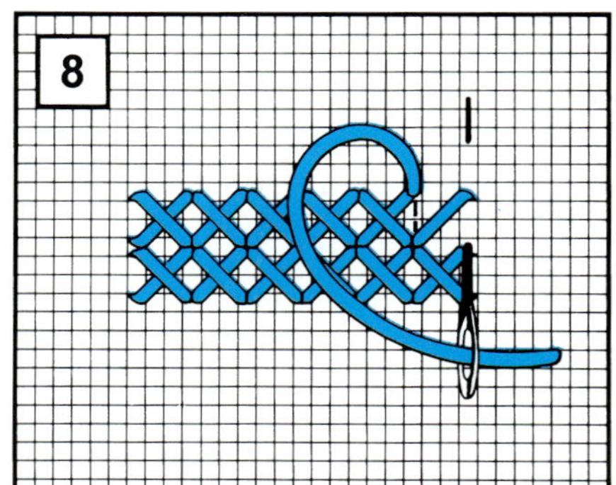

Die Abbildungen 6–8 zeigen, wie waagerechte Kreuzstichreihen gearbeitet werden müssen, wenn Sie Ihr Motiv von unten nach oben sticken.
Wenn Sie in dieser Richtung sticken, werden die Unterstiche von rechts oben nach links unten (Abb. 6) und die Deckstiche (Abb. 7) von links oben nach rechts unten gearbeitet.

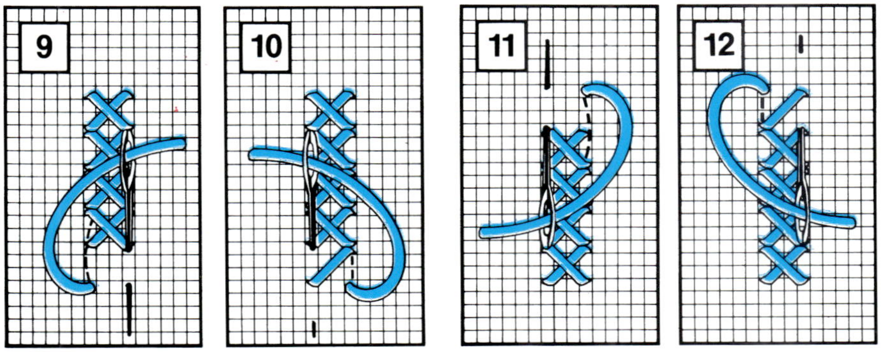

Die Abb. 9 und 10 zeigen, wie Sie senkrecht gearbeitete Kreuzstiche von oben nach unten einzeln fertigen.
Die Abb. 11 und 12 verdeutlichen diese Technik bei einer Stickrichtung von unten nach oben.

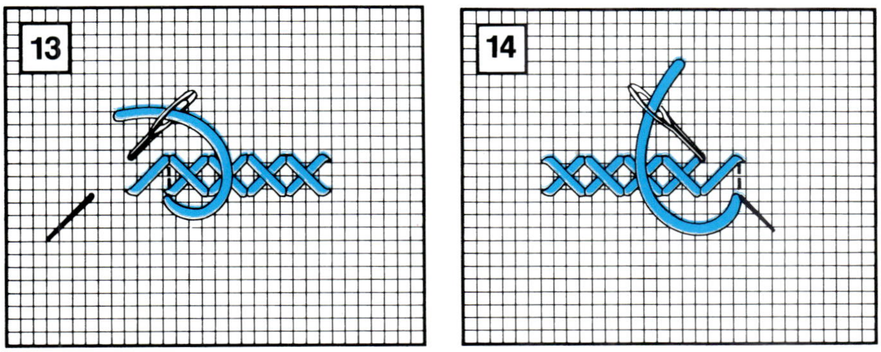

Abb. 13 und 14: Beim Arbeiten mancher Muster ist es nötig, daß Sie einige Kreuzstiche gleich fertigsticken, um eine bestimmte Stelle im Motiv direkt zu erreichen.
Diese Art der Stiche sollten Sie nur für wenige Übergangskreuzstiche verwenden.

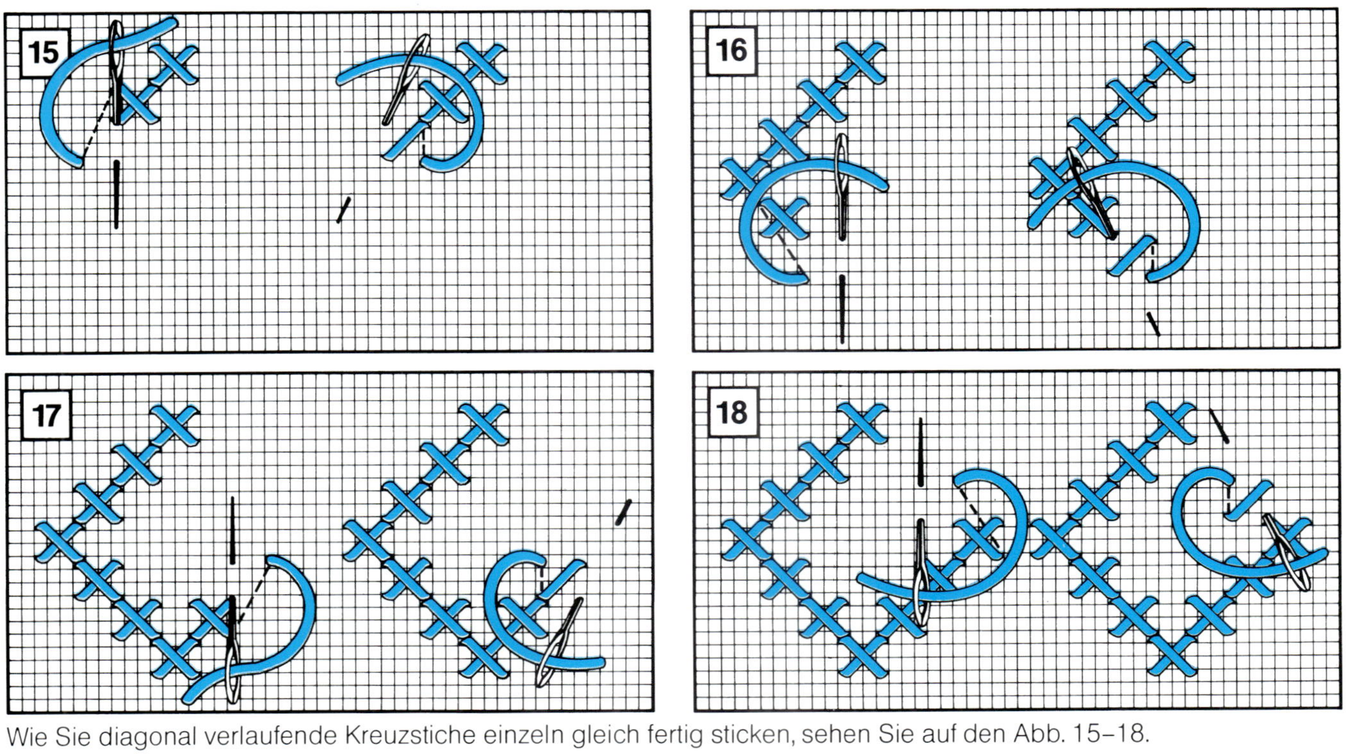

Wie Sie diagonal verlaufende Kreuzstiche einzeln gleich fertig sticken, sehen Sie auf den Abb. 15–18.

Verschiedene Säume als Randbefestigung

Kreuzstichreihe als Saumabschluß

Mit einer oder zwei Reihen Kreuzstich an der Saumlinie entlang gestickt erhalten Sie einen besonders schönen Saumabschluß (siehe Foto). Die Ecken legt man dann als Briefecken nach links um. Der Saum wird an der äußeren Kreuzstichlinie auf der linken Seite mit feinen Heftstichen befestigt.

Schöne Säume sind „das Tüpfelchen auf dem i" einer guten Handarbeit.

Saumabschluß mit einem Kästchenstich

(siehe Foto S. 15 unten)

Zuerst sticken Sie 2 cm von der Schnittkante entfernt einen Steppstich auf der linken Seite über drei oder vier Fäden. Dabei ziehen Sie alle Stiche kräftig an. Danach schlagen Sie den Saum nach links um und sticken den Kästchenstich durch den doppelten Stoff, den Faden dabei ebenfalls kräftig anziehen.

Nach der ersten Kästchenreihe sticken Sie zwei oder drei weitere Reihen im Kästchenstich. Zum Schluß schneiden Sie den überstehenden Stoff auf der Rückseite weg.

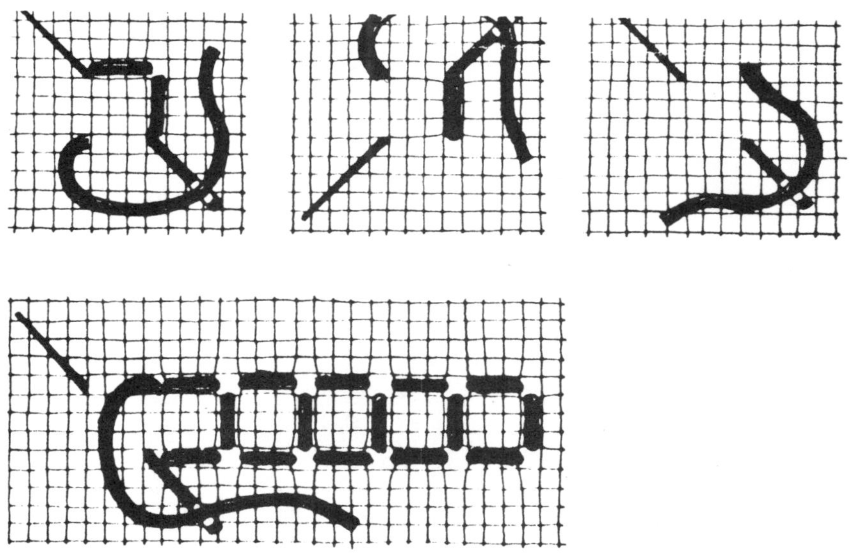

Der Kästchenstich wird von rechts nach links über vier Fäden gestickt.

Bänder mit genähten Spitzen und Fransen als Saumabschluß.

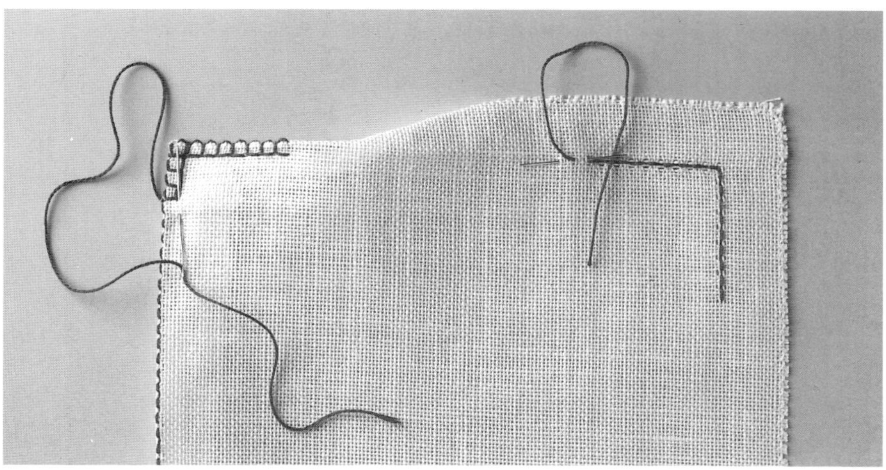

Ein Saumabschluß mit mehreren Reihen Kästchenstich ist schön und haltbar.

Fransen als Saumabschluß

Dafür ziehen Sie 5 cm vom Stoffrand entfernt jeweils einen Gewebefaden aus, bündeln jeweils 3 Gewebefäden und fertigen von links nach rechts einen Hohlsaum an. Dann schneiden Sie den Stoff ringsum gleichmäßig ab und fransen den Rand aus.

Anfertigen von Spitzen an Bändern

Die Schnittkanten des Bandes mit einem Zickzackstich sichern. Den Stoff auf der linken Seite zur Hälfte zusammenlegen und 0,5 cm von der Kante entfernt absteppen. Die Kappe von links nur mit einem Stich anheften, möglichst nicht durchgehend annähen, weil sich dabei die Naht zu sehr durchdrükken würde (s. Abbildung).

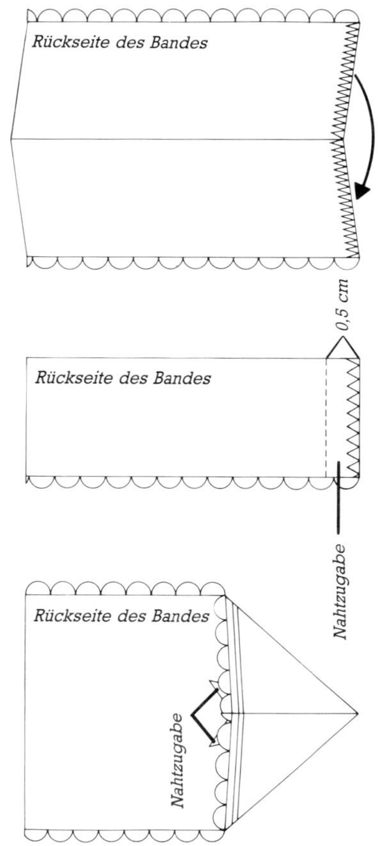

Linienstiche

Sind in einem Kreuzstichmuster dünne Linien eingezeichnet, so sind diese in Linienstich, auch Holbeinstich genannt, nachzusticken oder aber in Rückstich. Dabei umfassen waagerechte und senkrechte Stiche die gleiche Anzahl an Gewebefäden wie der Kreuzstich, schräge Stiche dieselbe Anzahl an Fadenkreuzen. Der Linienstich ist in Hin- und Rückreihe auszuführen, wobei immer die gleiche Anzahl von Gewebefäden zu übergehen und aufzufassen ist. Die Stiche der Rückreihe schließen die Lücken, die in der Hinreihe offen geblieben sind.

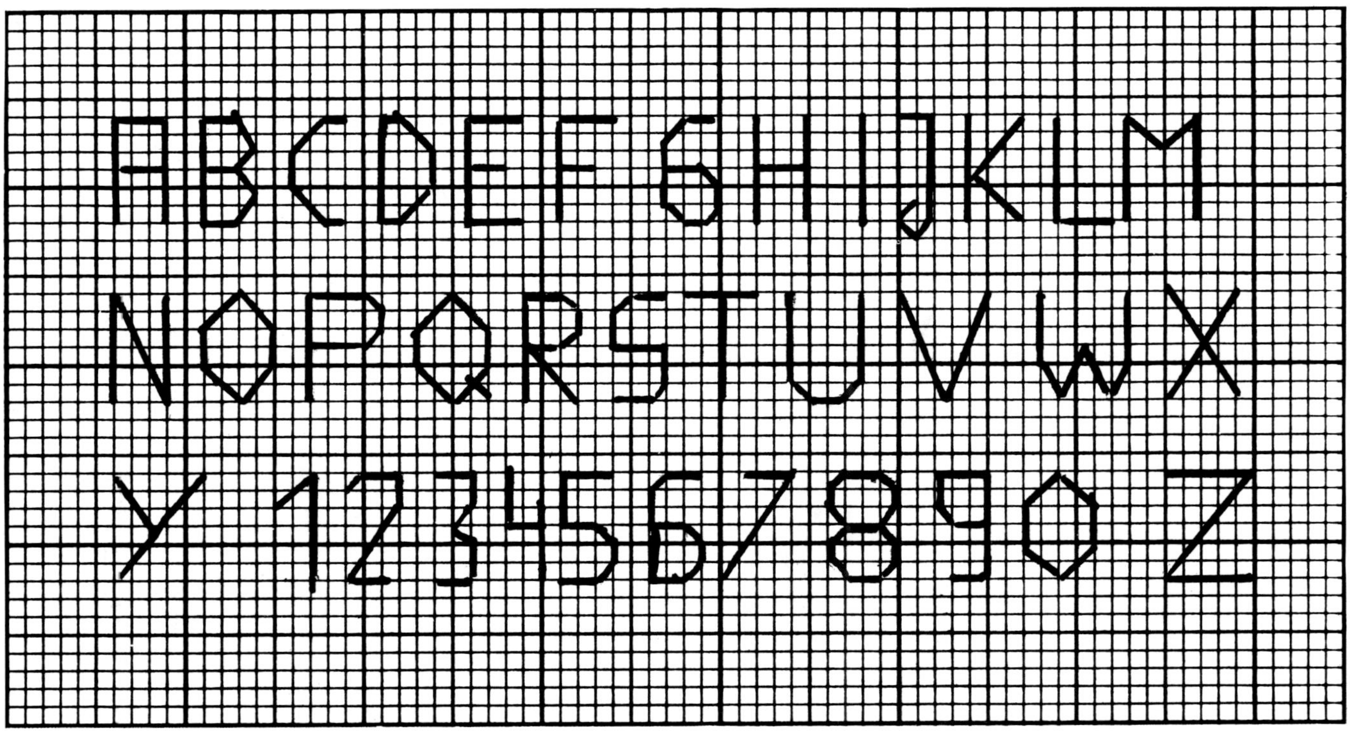

Alphabete und Monogramme

Monogramme und gestickte Texte sind in der Kreuzstichstickerei sehr beliebt. Sie können sie mit Hilfe eines Alphabetes, Zahlen und kleinen Ornamenten sehr schön selbst zusammenstellen. Ineinander verschlungene Buchstaben wie bei der Weißstickerei wirken beim Kreuzstich nicht so gut. Man stellt die einzelnen Buchstaben am besten nebeneinander und stickt sie einfarbig. Haben Sie den Mut, durch Kombinationen von Verzierungen und Buchstaben Monogramme zu verändern.

Wenn Sie damit beginnen, einen Text oder ein Monogramm zu sticken, sollten Sie bedenken, daß nicht jedes Alphabet zu allen Mustern und Motiven paßt. Beachten Sie auch, daß Sie zwischen den einzelnen Buchstaben, Wörtern und Zeilen den richtigen Abstand finden. Dieser ist bei jedem Alphabet anders und von der Größe der Kreuzchen sowie dem übrigen Format der Handarbeit abhängig. Zweckmäßig ist es, einen Text als fortlaufendes Band auf Kästchenpapier zu zeichnen und danach in einzelne Abschnitte zu schneiden. Markieren Sie nun auf einem Karopapier die Mitte und legen Sie den Mittelpunkt der Zeile auf der Mittellinie des Papiers fest.

In der Kreuzstichstickerei sind Monogramme und gestickte Texte sehr beliebt.

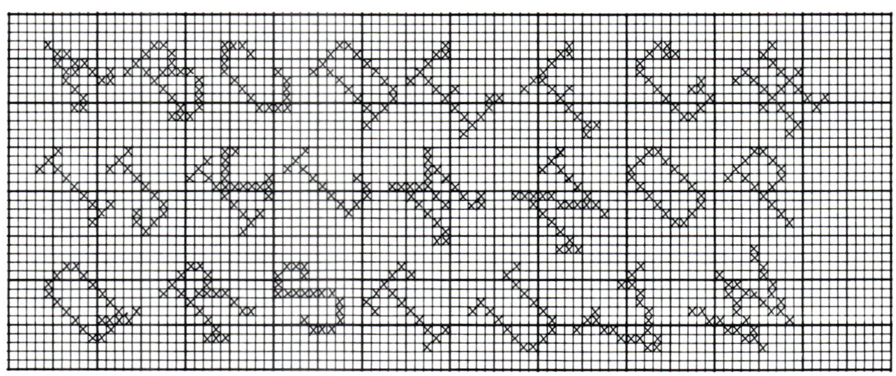

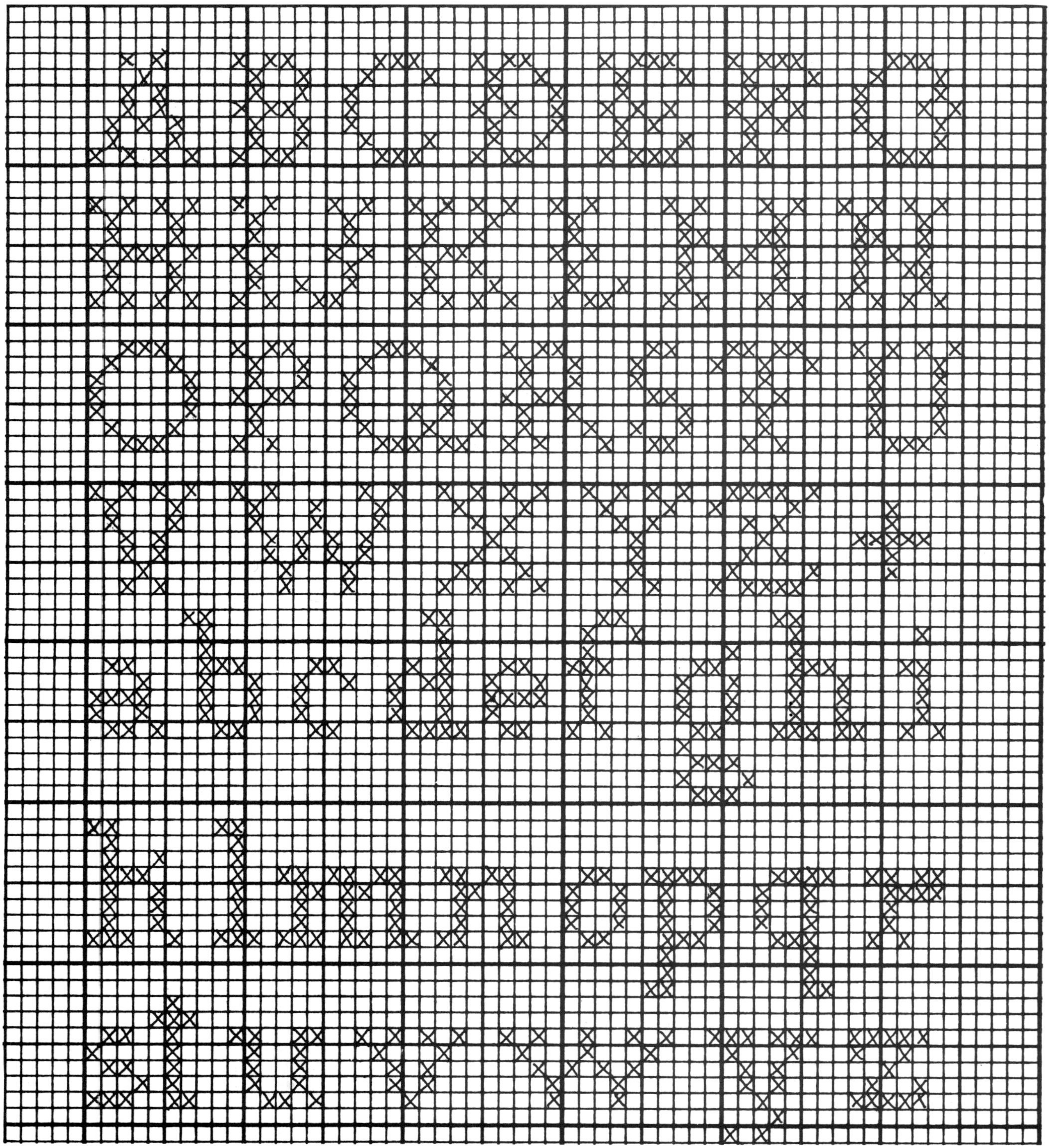

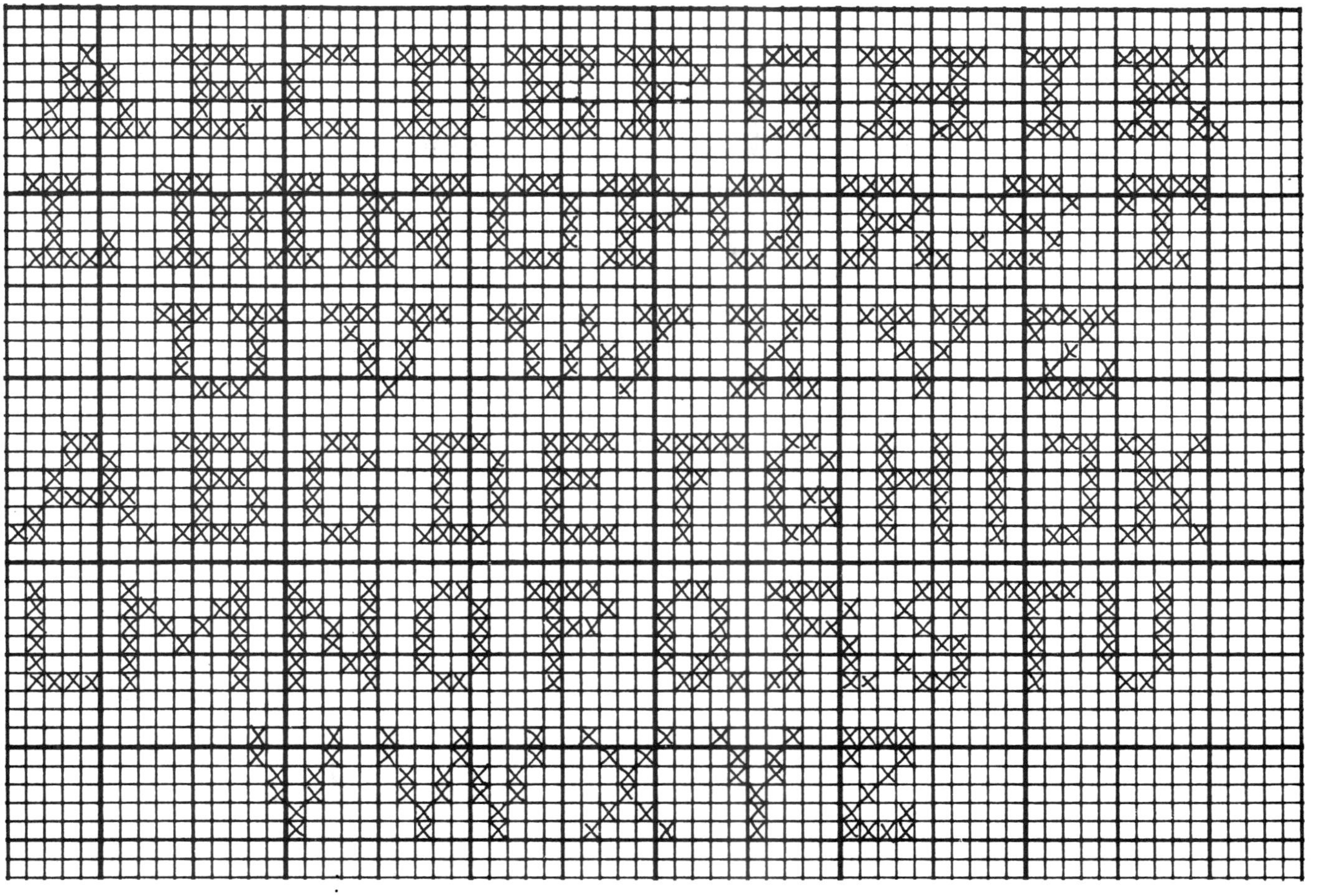

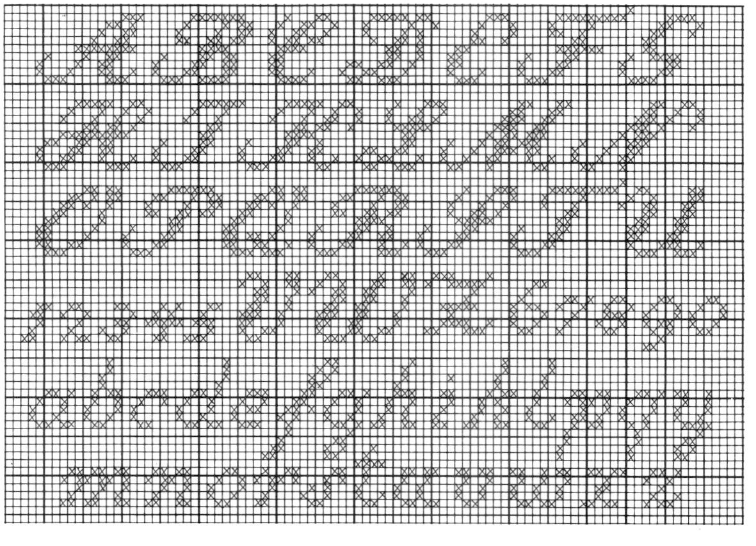

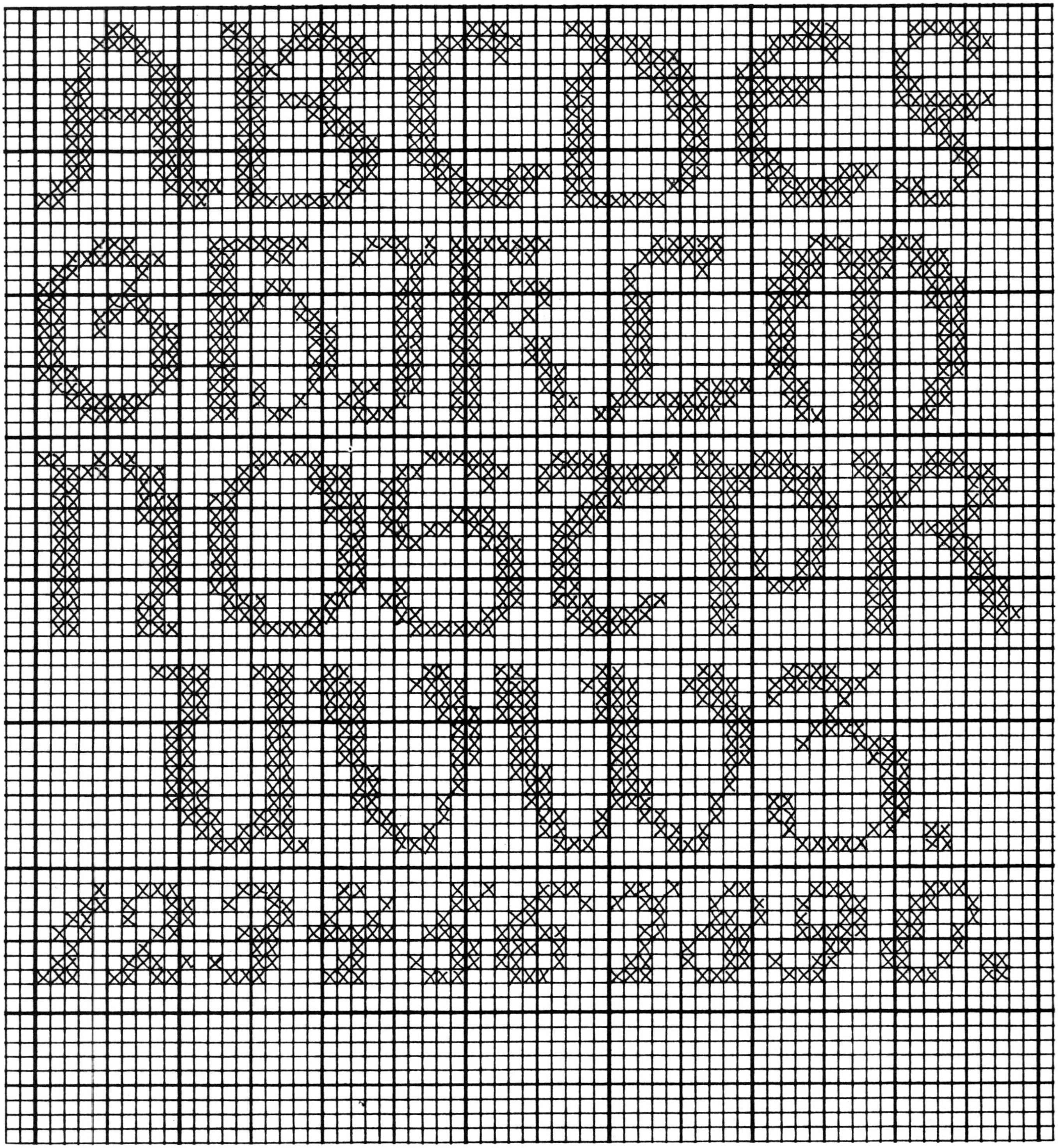

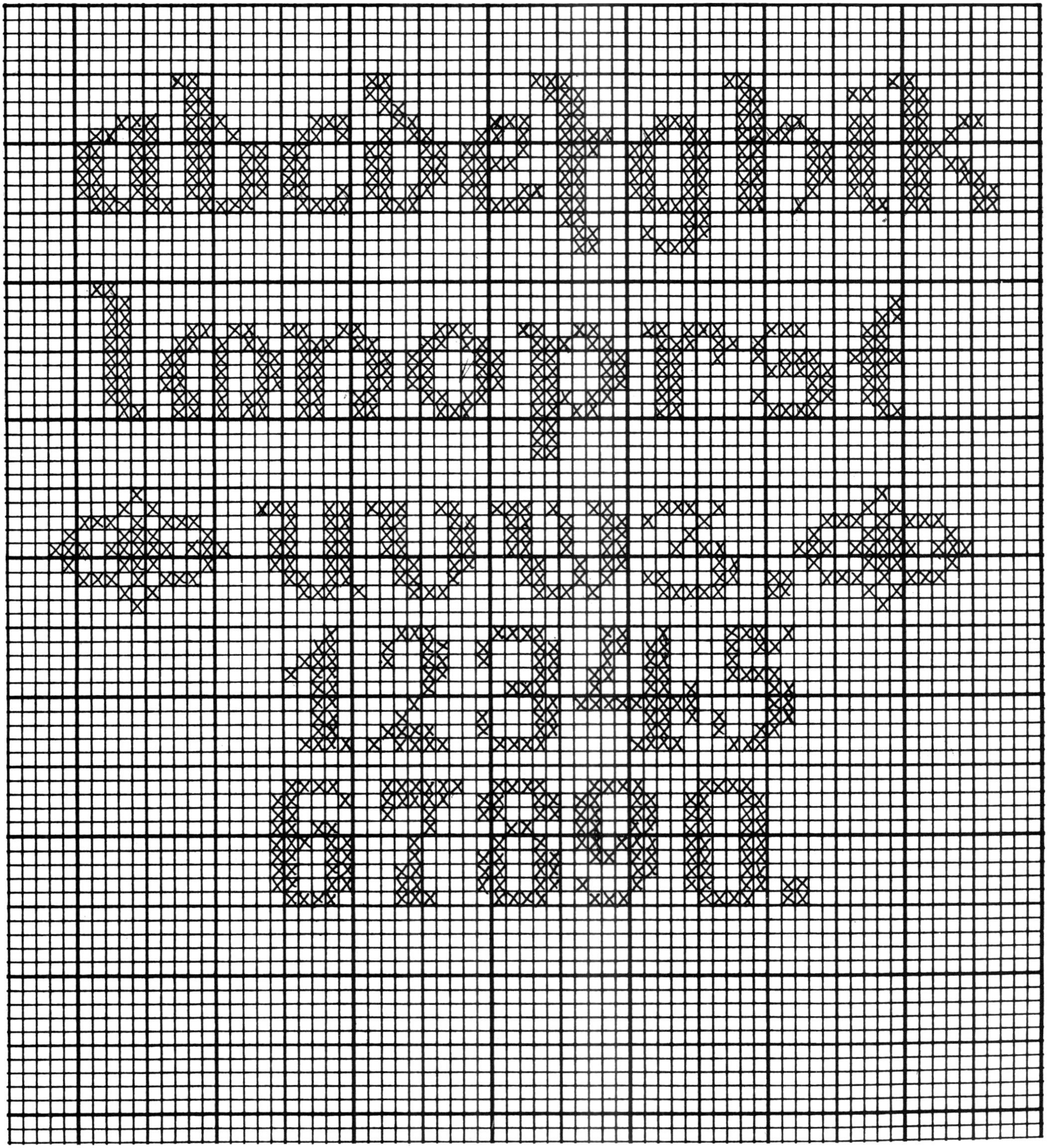

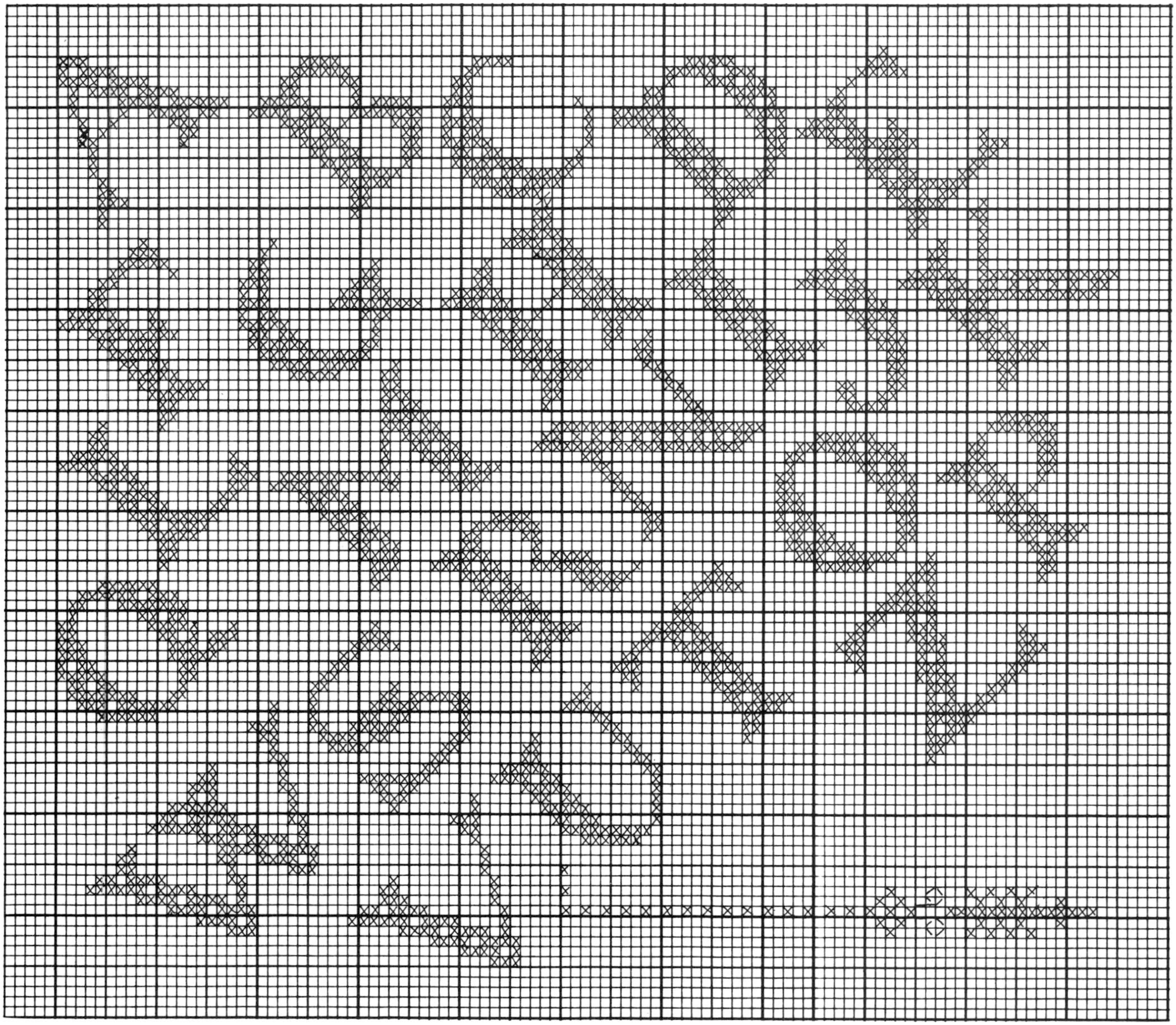

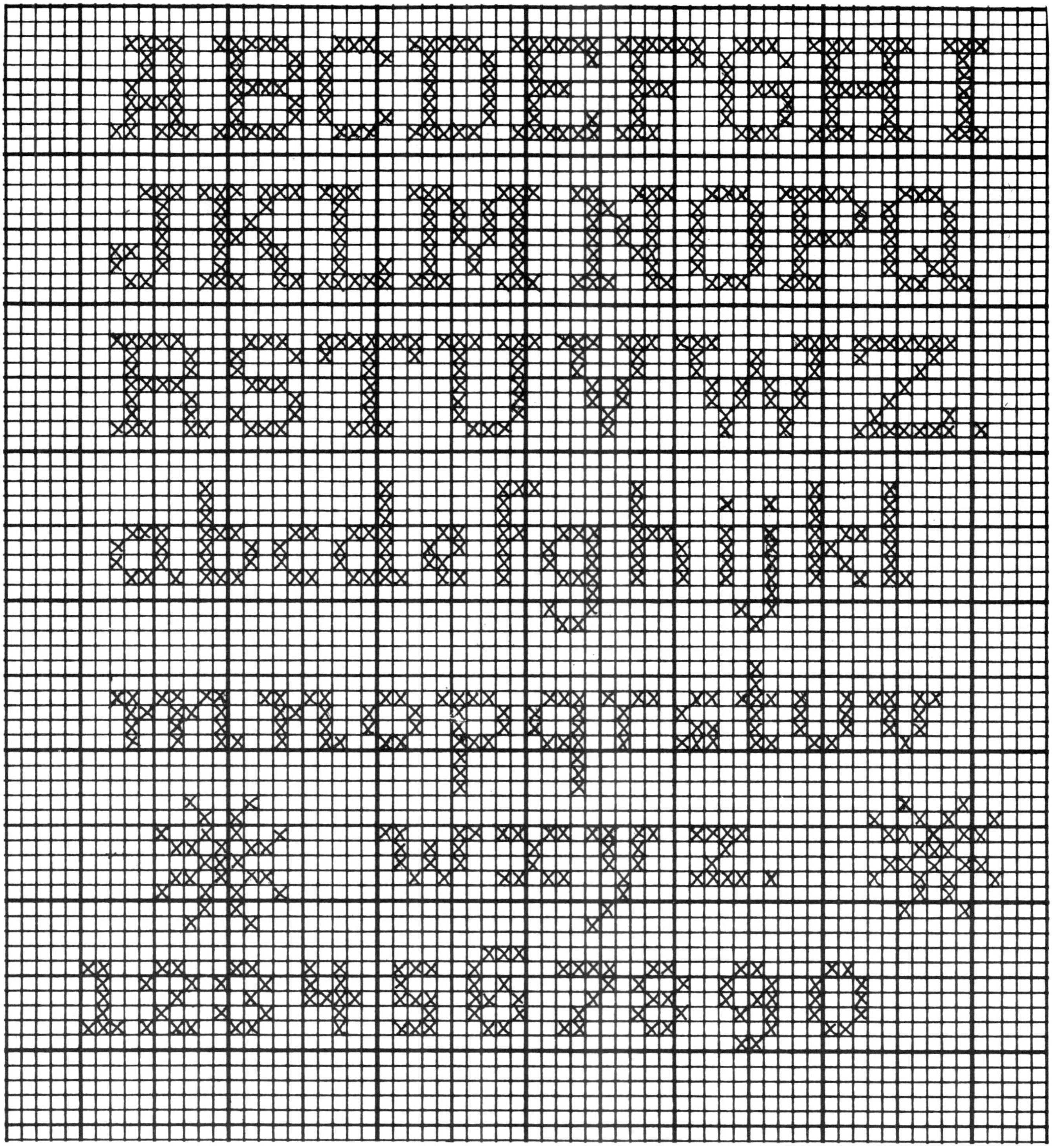

Schmuckband „Willkommen"

Größe: 10 × 100 cm

Material:

10 × 100 cm weißes Leinenband mit eingewebter Borte, 11 Fäden/cm, MEZ Nordin grün 217, MEZ Nordin blau 979, MEZ Nordin gold 907, 2 Quasten aus Leinen

Und so wird es gemacht:

Die Schnittkanten des Bandes gegen das Ausfransen mit einem Zickzackstich sichern. Die Bandmitte der Breite nach durch Auszählen der Fäden ermitteln und mit einem bunten Faden markieren. 5 cm von der Schnittkante entfernt mit dem Blütenmotiv beginnen. Die Mustermitte ist in der Zeichnung mit einem Pfeil markiert. Für den Saumabschluß eine Spitze nähen und darin jeweils eine Quaste mit einnähen (im Fachhandel erhältlich). Auf der entgegengesetzten Bandseite ein Monogramm einsticken. Die fertige Handarbeit von links feucht bügeln.

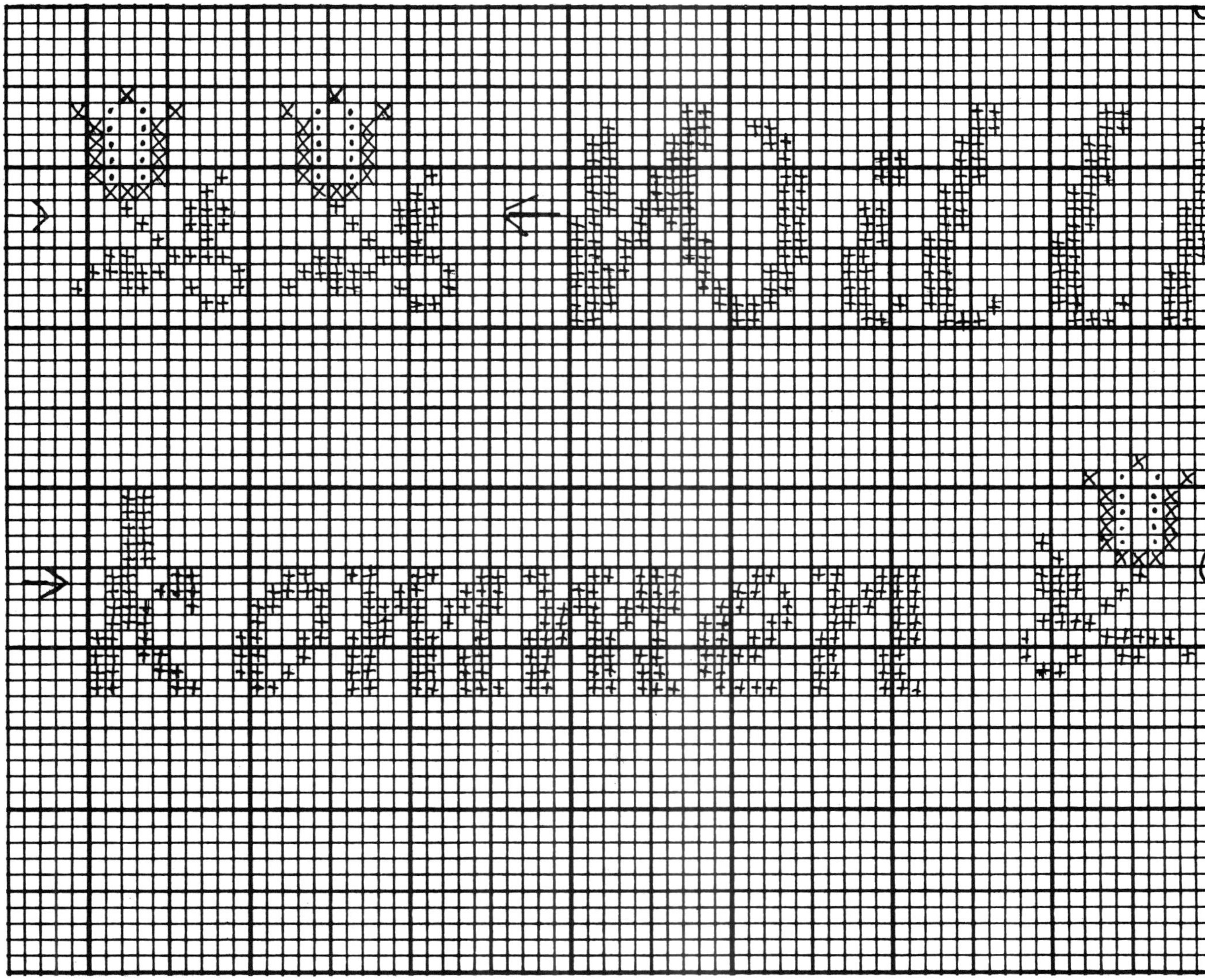

⊞	217
⊠	979
⊡	907

Schmuckband mit stolzem Hahn

Größe: 10 × 160 cm

Material:

160 cm ungebleichtes Leinenband,
10 cm breit, 11 Fäden/cm,
MEZ Nordin grün 218,
MEZ Nordin gelb 291,
MEZ Nordin rot 13,
MEZ Nordin braun 150,
MEZ Nordin schwarz 127

Und so wird es gemacht:

Nachdem Sie die Schnittkanten des Bandes mit einem Zickzackstich gesichert haben, zählen Sie die Mitte des Bandes der Breite nach aus. 14 cm vom unteren Rand entfernt mit der Stickerei beginnen. Die Mitte des Stickmusters ist in der Zeichnung mit einem Pfeil markiert. Für den Saumabschluß jeweils eine Spitze nähen. Das fertige Band von links feucht bügeln.

Auf edlem Holz wirkt dieses Schmuckband besonders dekorativ.

⊠	218	grün	▷	150	dunkelblau
○	291	gelb	■	127	nachtblau
/	13	purpur-rot			

Schmuck-schleife mit Hähnen

Größe: 6 × 120 cm

Material:

120 cm weißes Leinenband, 6 cm breit, mit eingewebter Borte, 11 Fäden/cm, MEZ Nordin grün 218, MEZ Nordin rot 9046

Und so wird es gemacht:

Für den Saumabschluß 4 cm von der Schnittkante entfernt eine Kästchenstichreihe über zwei Fäden sticken. Danach den Stoff zur Schnittkante hin ausfransen. Die Hähne 4 cm über dem Kästchenstich aufsticken. Dazu vorher die Mitte des Bandes auszählen. Die Mustermitte ist in der Zeichnung durch einen Pfeil markiert. Die kleinen Muster im Abstand von 20 Fäden aufstikken. Die fertige Schleife von links feucht bügeln und dekorieren.

Ein hübsches Motiv, das auch für die Osterzeit geeignet ist.

218
9046

Schmuckband mit Vögeln

Größe: 8 × 120 cm

Material:

120 cm weißes Leinenband mit eingewebter Borte, 8 cm breit, 11 Fäden/cm, MEZ Nordin blau 940, MEZ Nordin hellblau 121, MEZ Nordin blau 120, MEZ Nordin dunkelblau 127, MEZ Nordin beige 372, MEZ Nordin braun 375, MEZ Nordin grün 266

Und so wird es gemacht:

Die Schnittkanten des Bandes mit einem Zickzackstich gegen das Ausfransen sichern. Die Mitte des Bandes der Breite nach auszählen. 10 cm vom unteren Rand entfernt mit der Stickerei beginnen. Die beiden Vögel auf den Bändern so anordnen, daß sie sich gegenüber sitzen.

Schmuckschleife einmal anders dekoriert.

☒	940	●	372
⊟	121	⧄	375
○	120	S	266
□	127		

Schmuckband mit Eicheln

Größe: 7 × 160 cm

Material:

7 × 160 cm naturfarbiges Leinenband mit grüner eingewebter Borte, MEZ Nordin grün 246, MEZ Nordin gelb 907

Und so wird es gemacht:

Die Schnittkanten des Bandes mit einem Zickzackstich gegen das Ausfransen sichern. Die Bandmitte der Breite nach durch Auszählen der Fäden ermitteln. Jeweils 5 cm von der Schnittkante entfernt das Muster zur Mitte hin (bis zur Schleife) aufsticken. Für den Saumabschluß eine Spitze nähen. Das fertige Band von links feucht bügeln und mit Trockenblumen dekorieren. Die beiden schmalen Bänder mit der Durchbruchkante sind 5 cm breit und 115 cm lang. Sie können sie leicht nach der o. a. Anleitung anfertigen.

Mitteldecke mit gelben Herzen

Größe: 56 × 56 cm

Material:

70 × 70 cm Leinen, 8 Fäden/cm, MEZ Nordin gelb

Und so wird es gemacht:

Den fadengerade abgeschnittenen Stoff mit einem Zickzackstich sichern. Die Stoffmitte mit einem farbigen Faden markieren. 12 cm von der Schnittkante entfernt von der Mitte aus zu beiden Seiten hin die Herzchenborte anfertigen, gestickt wird mit doppeltem Faden. Rundherum im Abstand von 6 Gewebefäden eine Kreuzstichreihe sticken. Den 3 cm breiten Saum mit Briefecken umlegen und mit einem Hohlsaumstich befestigen. Dazu vorher einen Gewebefaden ausziehen. Die fertige Handarbeit von links feucht bügeln.

Auf der beigen Mitteldecke kommt die Randborte schön zur Geltung.

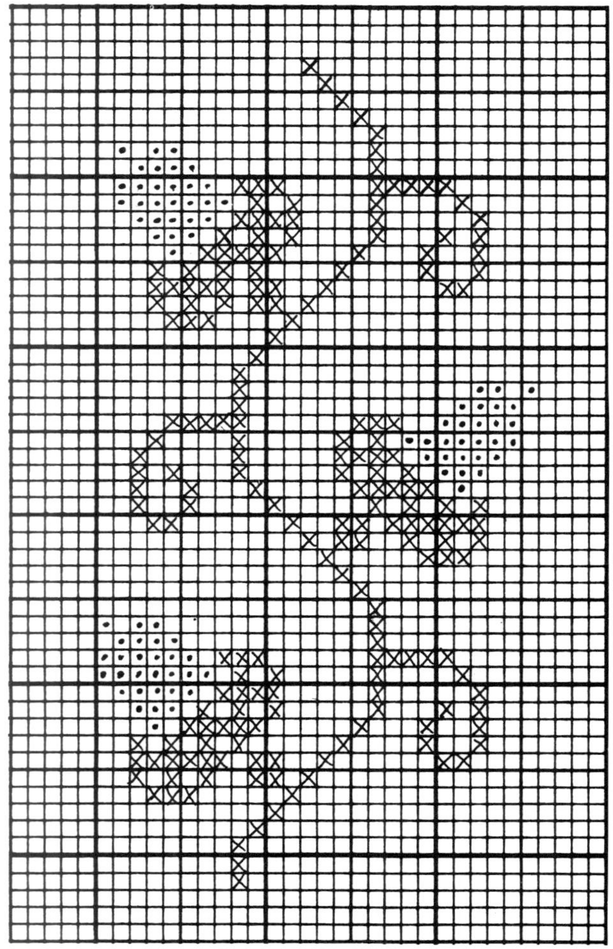

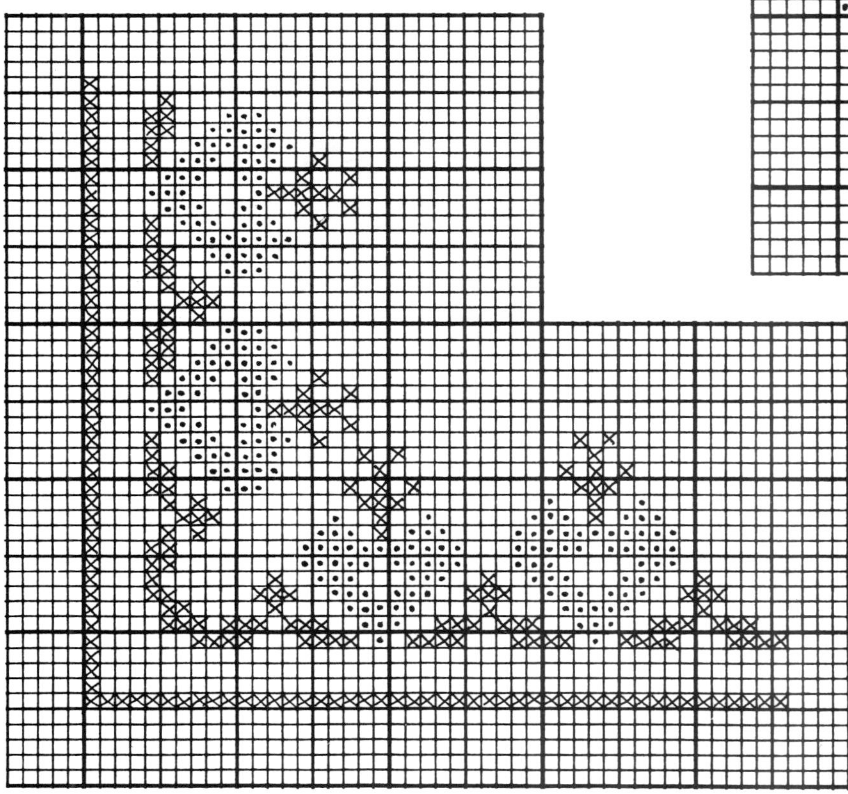

⊠	246
⊡	907

Schmuckband „Herzlich Willkommen“

Größe: 15 × 75 cm

Material:

15 × 75 cm weißes Leinenband mit eingewebter Borte,
11 Fäden/cm,
MEZ Nordin blau 150,
MEZ Nordin rot 13

Und so wird es gemacht:

Die Schnittkanten des Bandes gegen das Ausfransen mit einem Zickzackstich sichern. Das Band zusammenfalten, um die Mitte der Länge nach zu ermitteln. Hier zunächst das mittlere rote Motiv von oben her (10 Fäden von der eingewebten Borte entfernt) aufsticken. Auf die Bandmitte der Breite nach den Text „Herzlich Willkommen“ von der Mitte nach außen hin sticken. An den Schnittkanten einen ausgefransten Hohlsaum anbringen. Die fertige Handarbeit von links feucht bügeln.

Mit wenigen Stickstichen schaffen Sie dieses ansprechende Schmuckband.

Herzlich
Willkommen

Tischband mit geometrischem Muster

Größe: 16 × 75 cm

Material:

85 × 16 cm weißes Leinenband mit roter eingewebter Kante, 8 Fäden/cm, MEZ Nordin rot 47

Und so wird es gemacht:

Die Schnittkanten des Bandes gegen das Ausfransen mit einem Zickzackstich sichern. Das Band zusammenfalten, um die Mitte der Länge nach zu ermitteln. Anschließend die Bandmitte der Breite nach markieren und die Stickerei von der Mitte aus zu beiden Seiten hin ausführen. Sie sticken mit einem doppelten Faden über jeweils 2 × 2 Gewebefäden. An beiden Enden 2 cm von der Schnittkante entfernt eine Kreuzstichreihe aufsticken, den Saum umlegen und von links mit Heftstichen befestigen. Die fertige Handarbeit von links feucht bügeln.

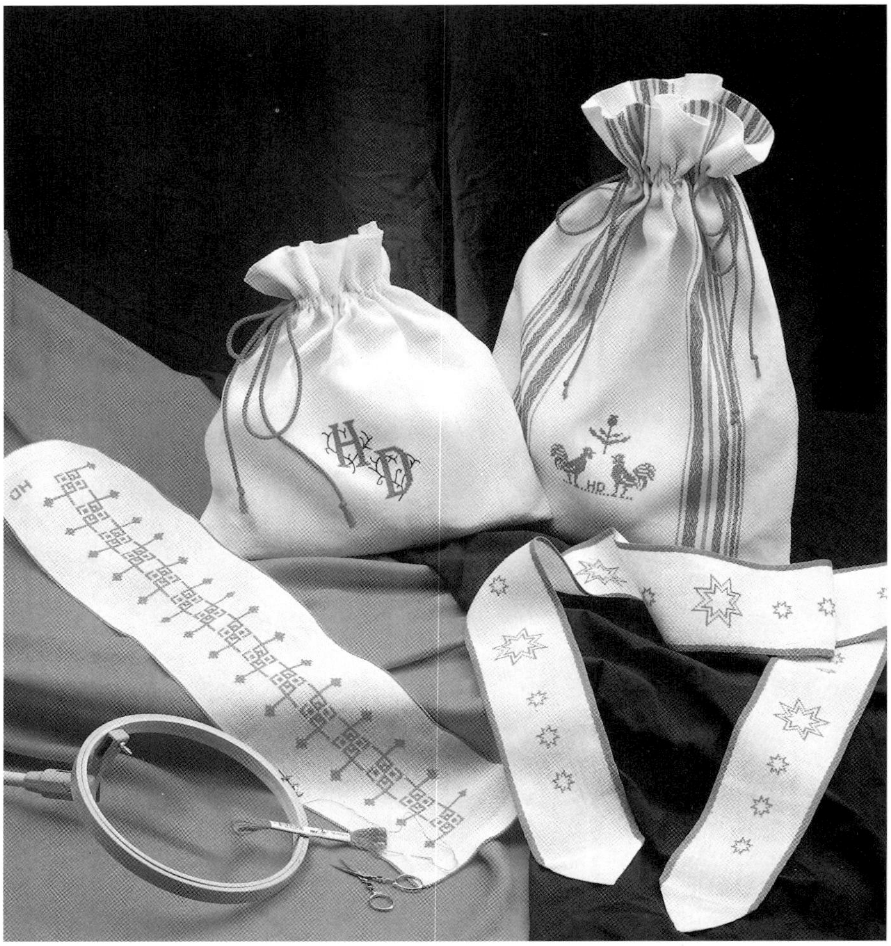

Weißes Leinenband ist der Grundstoff für diese einfach herzustellenden Arbeiten.

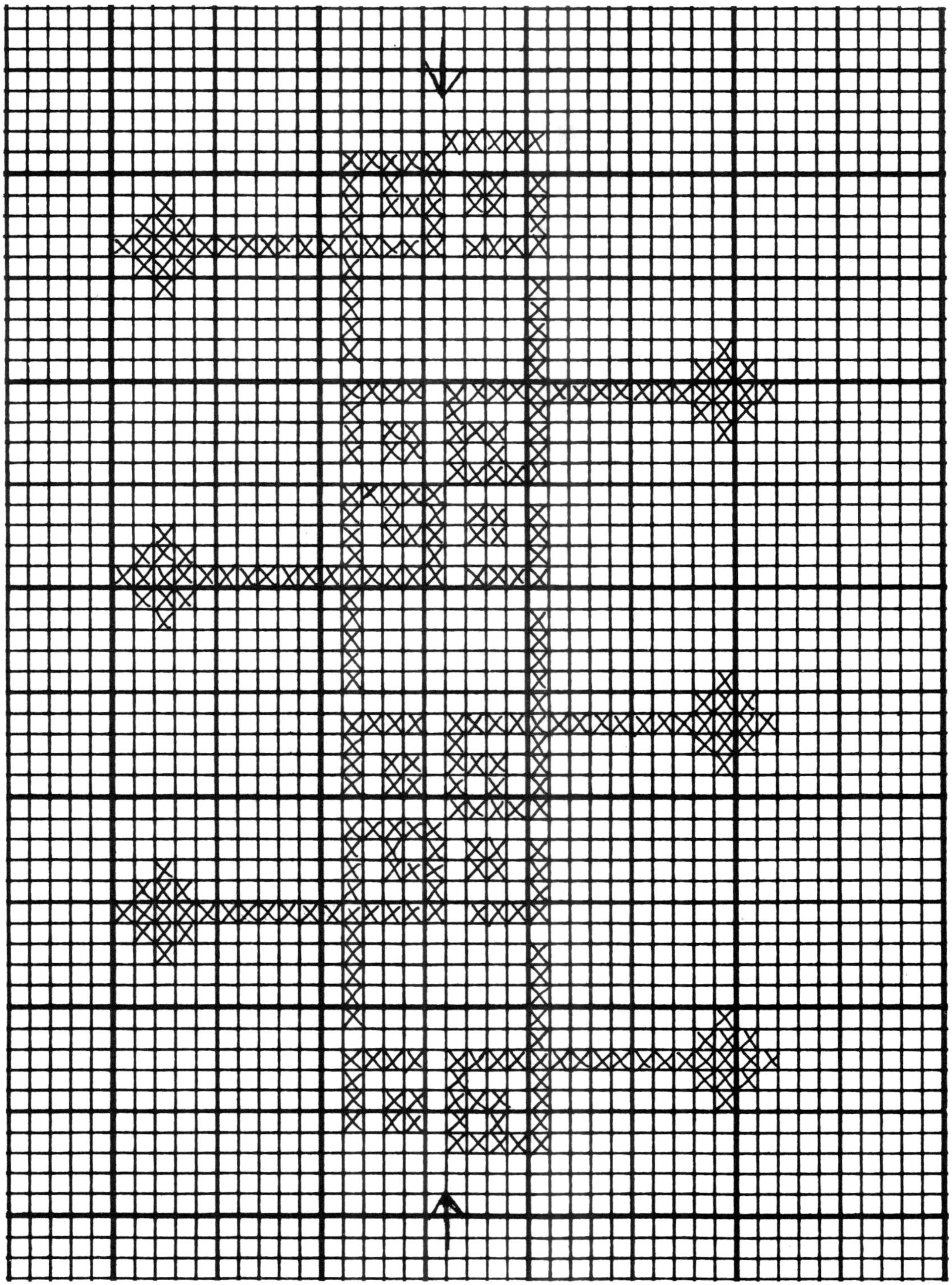

Tischband mit passendem Set

Größe:
Tischband: 10 × 150 cm
Set: 33 × 43 cm

Material:

150 × 10 cm blau eingefaßtes Leinenband,
11 Fäden/cm,
40 cm Leinen, 12 Fäden/cm,
MEZ Nordin blau 150

Und so wird es gemacht:

Die Schnittkanten des Bandes und der Sets mit einem Zickzackstich gegen das Ausfransen sichern. Das Band zusammenfalten, um die Mitte der Länge nach zu ermitteln. Anschließend die Mitte der Breite nach markieren und die Stickerei von der Mitte aus zu beiden Seiten hin anfertigen. An beiden Seiten eine Spitze nähen (Anleitung siehe Seite 15). Für das Set in einer Ecke, 8,5 cm von den Schnittkanten entfernt, das Eckmotiv von der Mitte aus aufsticken. Den 1,5 cm breiten Saum können Sie auch mit einer Kreuzstichreihe umranden und von links anheften. Die fertige Stickerei von links feucht bügeln.

Ob einfarbig oder bunt: Mitteldecken und Tischläufer sind die Favoriten auf einem schön gedeckten Tisch.

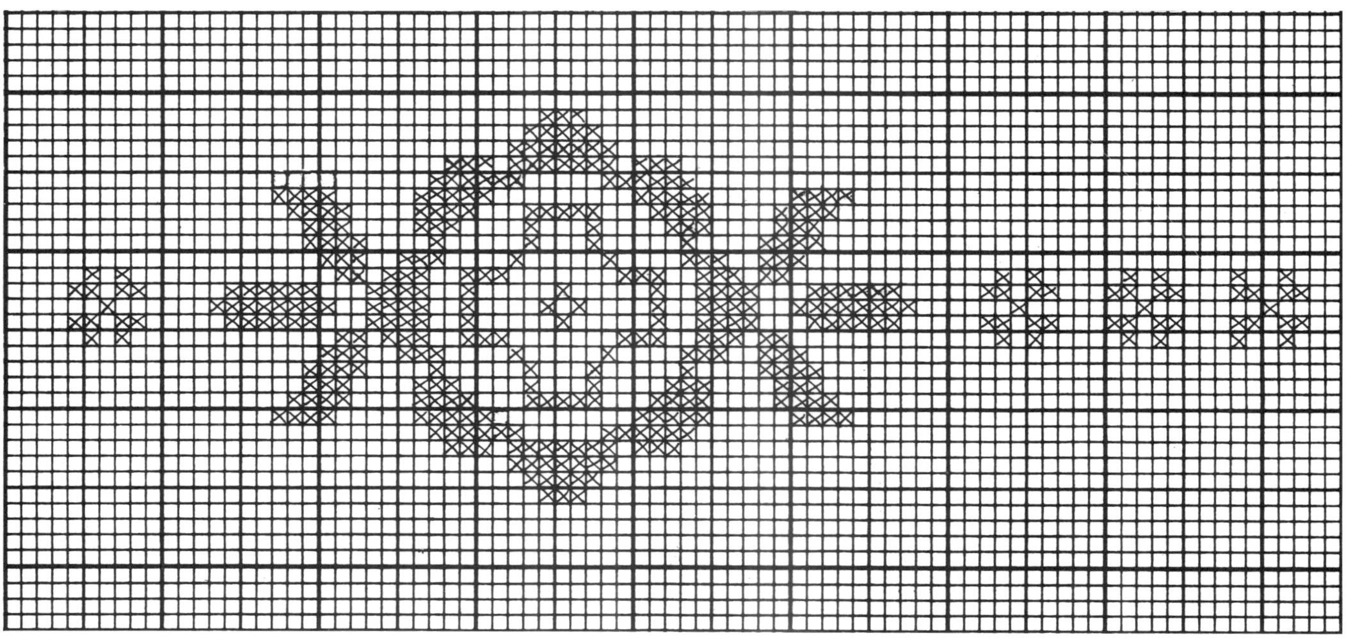

Tischband aus einem Leinenrest

Größe: 16 × 92 cm

Material:

25 × 100 cm Leinen,
12 Fäden/cm,
MEZ Nordin blau,
MEZ Vierfachgarn 16

Und so wird es gemacht:

Die Schnittkanten des Bandes mit einem Zickzackstich gegen das Ausfransen sichern. Das Band zusammenfalten, um die Mitte zu ermitteln. Anschließend die Bandmitte der Breite nach markieren und die Stickerei von der Mitte aus zu beiden Seiten hin ausführen. Rundherum einen Saum mit drei Reihen Kästchenstich oder einen Hohlsaum anfertigen. Als Stickgarn verwenden Sie dazu Vierfachgarn 16. Anleitung für den Saum siehe Seite 14. Die fertige Stickerei von links feucht bügeln.

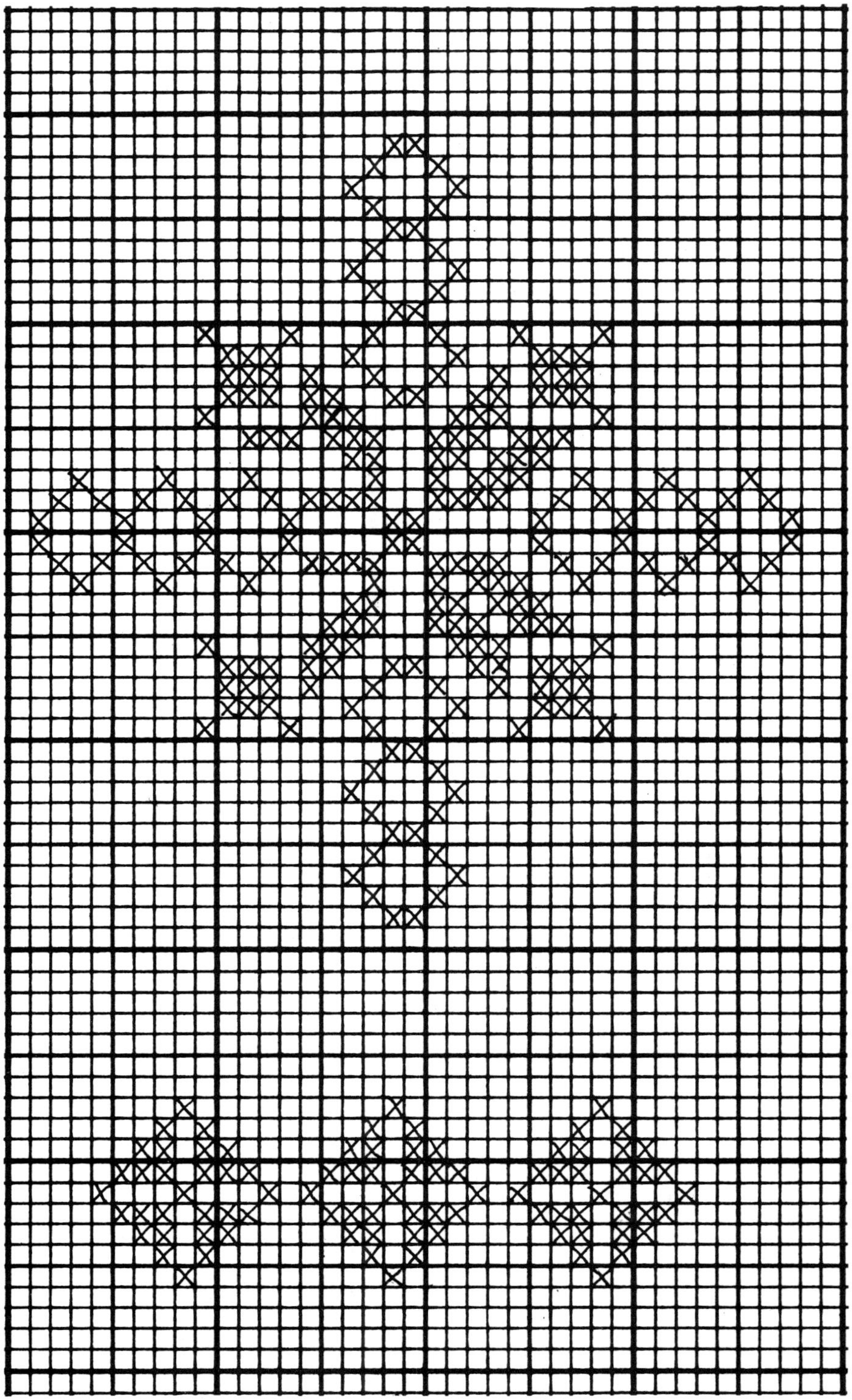

Mitteldecke mit einfarbiger Mittelborte

Größe: 62 × 62 cm

Material:

72 × 72 cm Leinen,
12 Fäden/cm,
MEZ Nordin blau 123

Und so wird es gemacht:

Den fadengerade abgeschnittenen Stoff mit einem Zickzackstich gegen das Ausfransen sichern. Die Stoffmitte und die Saumlinien markieren. 18 cm von der Saumlinie entfernt die Stickerei von der Mitte des Rechteckes aus beginnen. Den 2,5 cm breiten Saum mit einer Kreuzstichreihe umranden, Briefecken anfertigen und den Saum von links mit Heftstichen an der Kreuzstichreihe befestigen. Die fertige Handarbeit von links feucht bügeln.

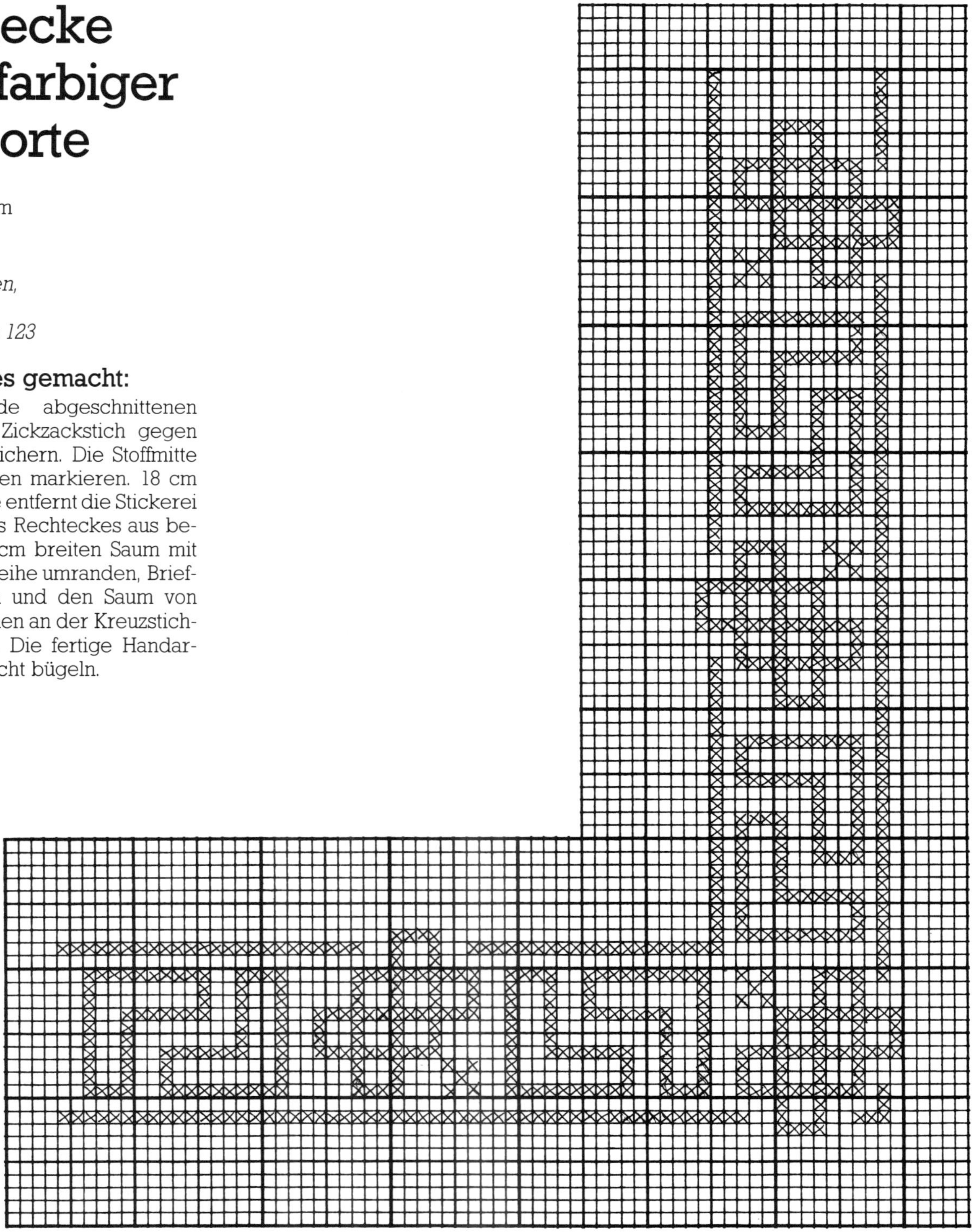

Tischläufer mit eingewebter Borte

Größe: 34 × 90 cm

Material:

34 × 100 cm Leinenband,
10 Fäden/cm,
MEZ Nordin blau 133,
MEZ Nordin grün 244

Und so wird es gemacht:

Die Schnittkanten des Bandes mit einem Zickzackstich sichern. Die Mitte des Bandes der Breite nach auszählen und von hier aus mit der Stickerei von der Mustermitte aus zu beiden Seiten hin beginnen. Sie können das Muster beliebig oft wiederholen und es auch einfarbig aufsticken. An beiden Schnittkanten einen 2 cm breiten Fransensaum anbringen. Die Anleitung dazu finden Sie auf Seite 15. Die fertige Handarbeit waschen und von links feucht bügeln.

Die Farben der eingewebten Randborte wiederholen sich in der gestickten Mittelborte des Tischbandes.

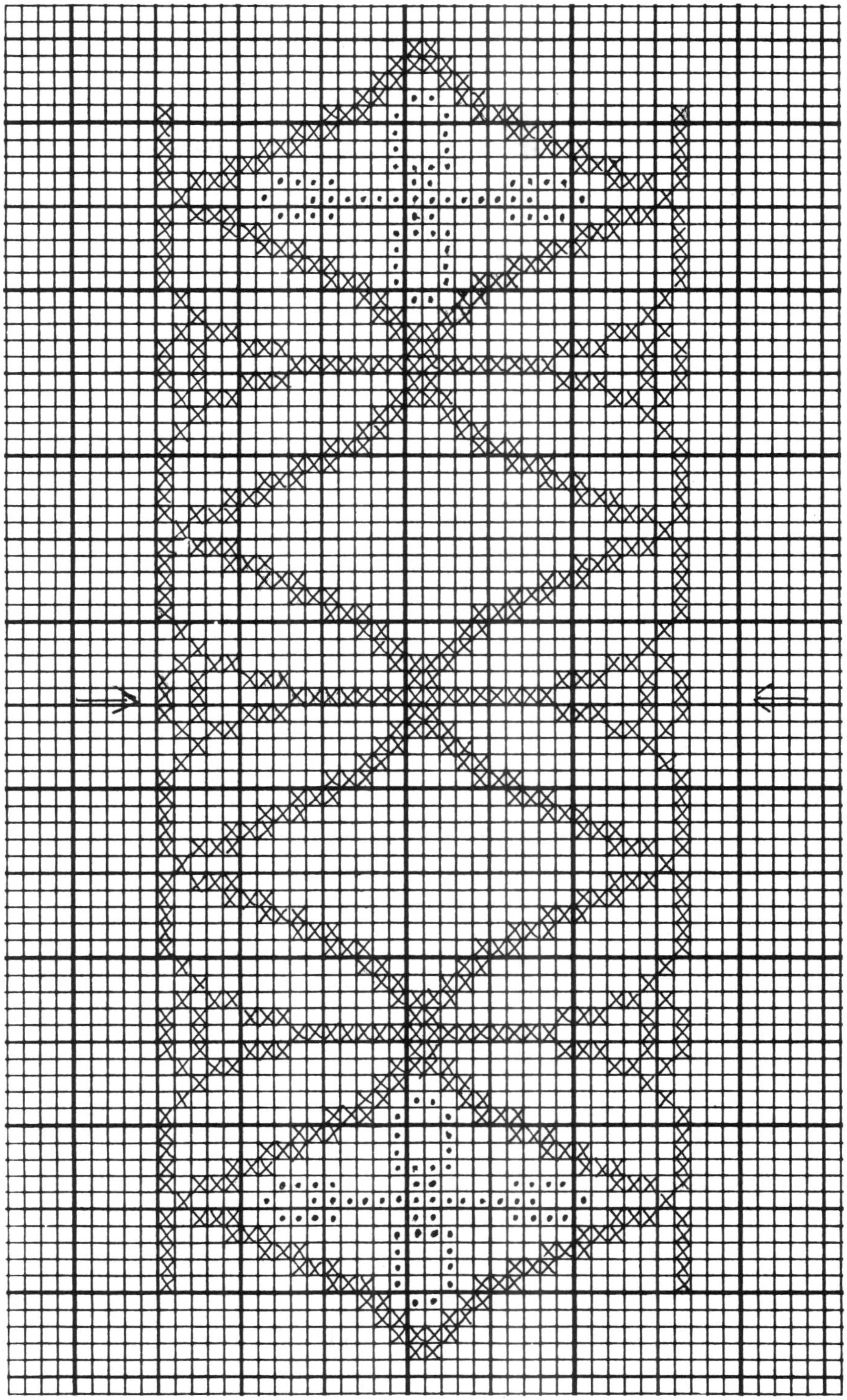

☒	133
⊡	244

Tischband mit geometrischer Borte

Größe: 15 × 85 cm

Material:

90 cm Leinenband, 15 cm breit,
11 Fäden/cm,
MEZ Nordin rot 59

Und so wird es gemacht:

Die Schnittkanten des Bandes mit einem Zickzackstich gegen das Ausfransen sichern. Die Mitte des Stoffes der Länge und Breite nach festlegen und die Stickerei von der Mitte aus nach beiden Seiten hin anfertigen. Für den Saumabschluß ziehen Sie 4 cm von der Schnittkante entfernt einen Faden aus und befestigen den Saum mit einem Hohlsaumstich.

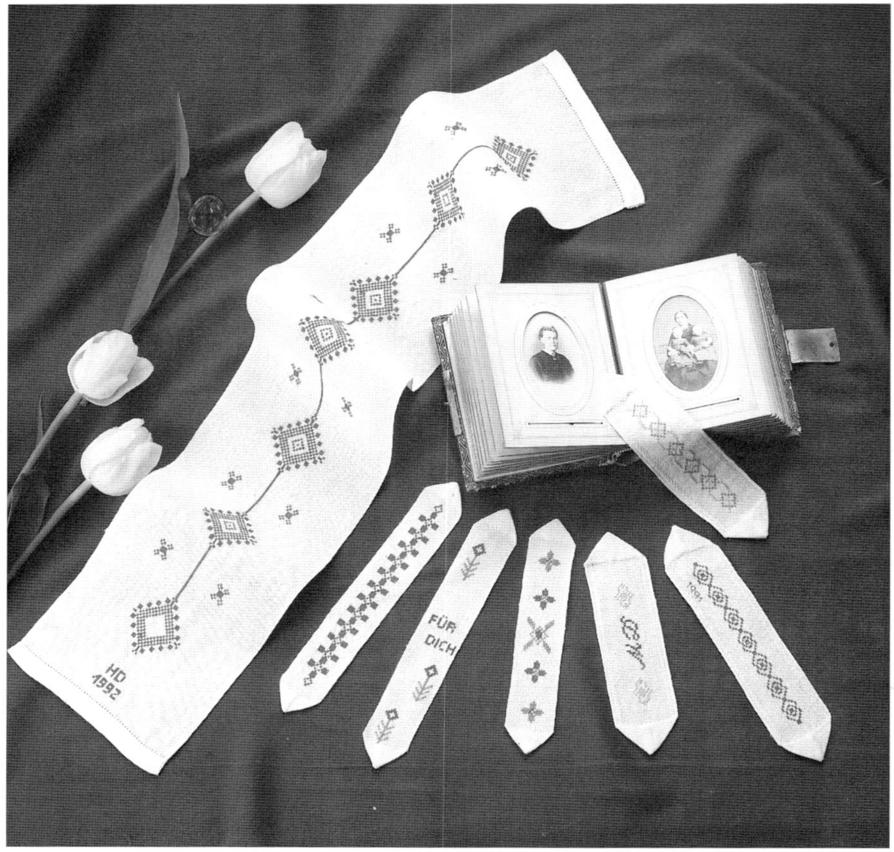

Ob Tischband oder Lesezeichen: alle Muster sind reduziert auf klare einfache Formen.

Lesezeichen

Größe: 3,5 × 25 cm

Material:

3,5 × 25 cm weißes Leinenband,
11 Fäden/cm,
MEZ Nordin in beliebigen Farben

Und so wird es gemacht:

Die Schnittkanten der Bänder mit einem Zickzackstich sichern. Die Bandmitte der Breite nach durch Ausziehen der Fäden ermitteln und markieren. Die fortlaufenden Muster werden von der Mitte aus zu beiden Seiten hin gestickt. Sticken Sie den Kreuzstich in Höhe und Breite über zwei Fäden. Für den Saumabschluß eine Spitze oder Fransen anbringen.

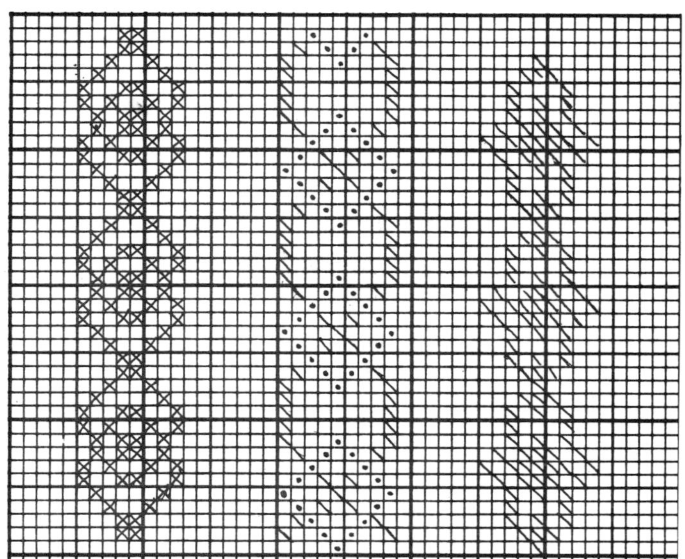

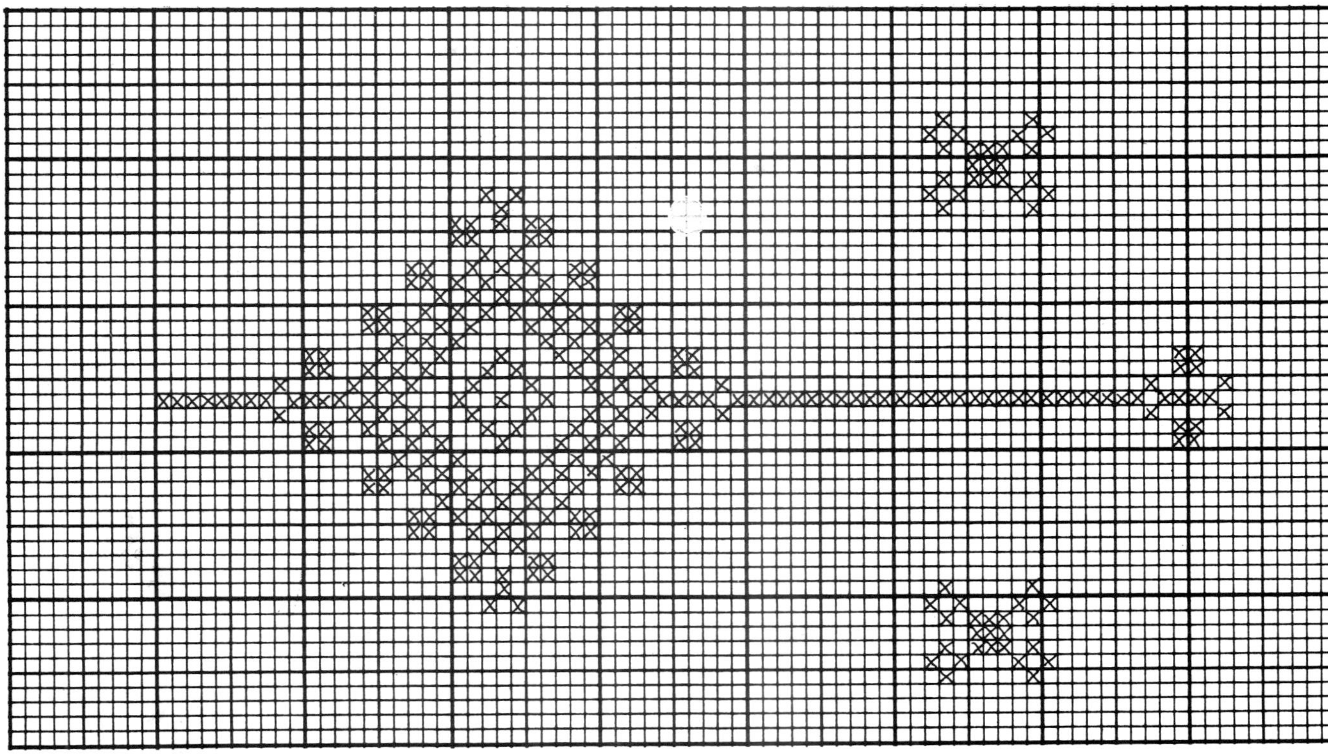

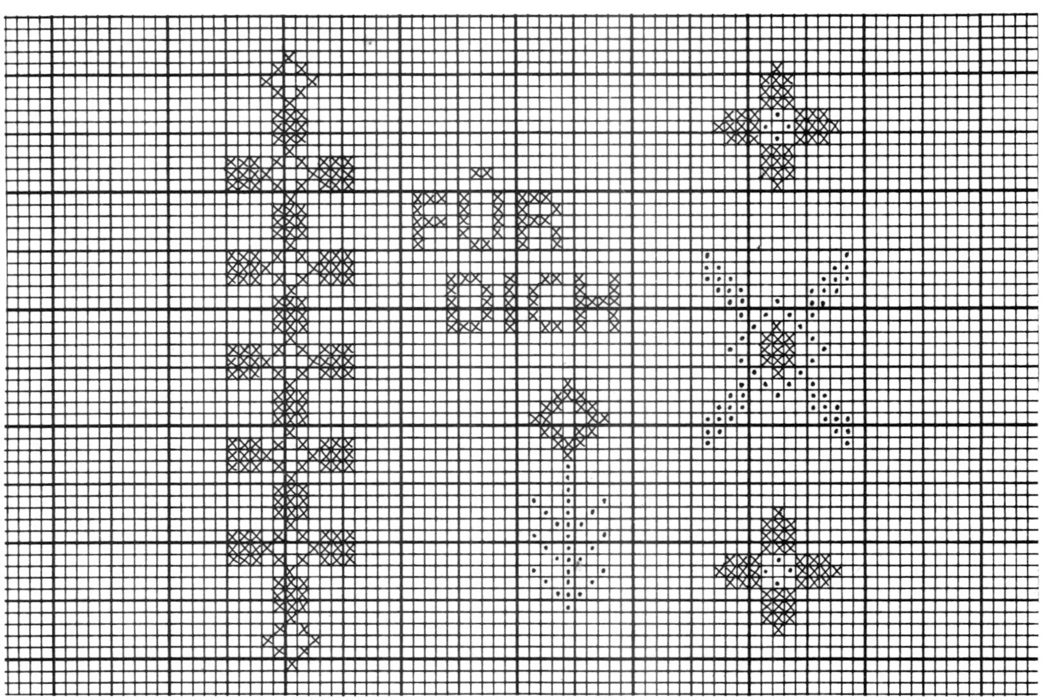

- ⊠ 877
- ◫ 261
- ⊡ 306

Tischband mit eingewebter Borte

Größe: 14 × 95 cm

Material:

14 × 100 cm weißes Leinenband mit eingewebter Randborte,
11 Fäden/cm,
MEZ Nordin grün 877,
MEZ Nordin grün 261,
MEZ Nordin gelb 306

Und so wird es gemacht:

Die Schnittkanten des Bandes gegen das Ausfransen sichern. Das Band der Länge und Breite nach zusammenfalten, um die Mitte zu ermitteln. Die Stickerei von den eingezeichneten Pfeilen aus in beide Richtungen aufstikken. An beiden Enden eine Spitze nähen. Anleitung dazu auf Seite 15. Das fertige Band von links feucht bügeln.

Mitteldecke mit breiter Borte

Größe: 75 × 75 cm

Material:

85 × 85 cm Siebleinen,
11 Fäden/cm,
MEZ Nordin grün 877,
MEZ Nordin grün 261,
MEZ Nordin gelb 306

Und so wird es gemacht:

Den fadengerade abgeschnittenen Stoff mit einem Zickzackstich sichern. 27 cm von der Schnittkante entfernt in einer Ecke mit der Stickerei beginnen. Einen 3 cm breiten Saum anbringen, dazu an der Saumlinie entlang eine Reihe Kreuzstich aufsticken. Den Saum mit Briefecken nach links umschlagen und entlang der Kreuzstichreihe von links anheften. Die fertige Handarbeit von links feucht bügeln.

Die Motive des Tischbandes wurden hier der Deckenbordüre entnommen.

☒	877
⧄	261
⊡	306

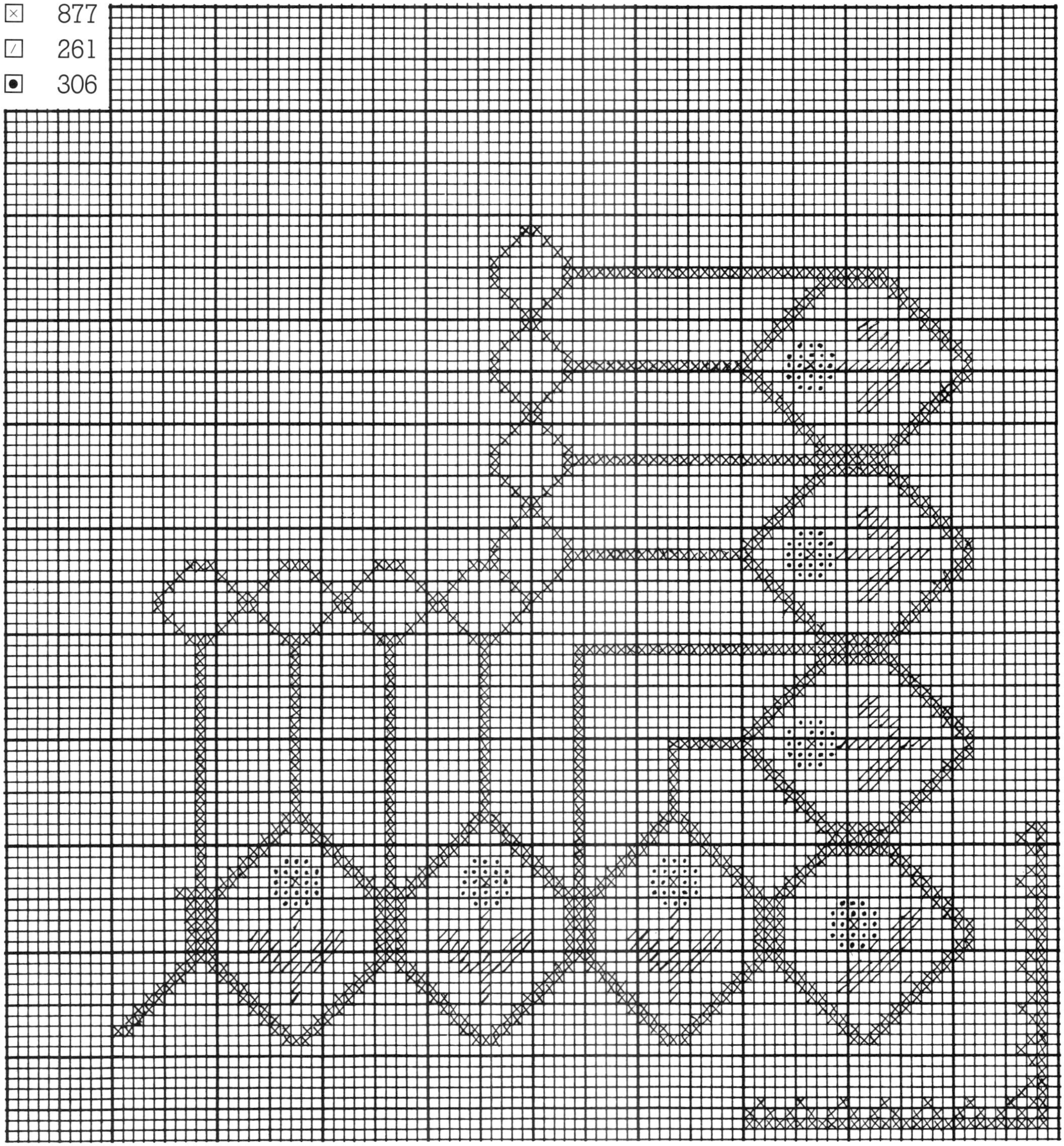

Deckchen mit schöner Randborte

Größe: 32 × 32 cm

Material:

36 × 36 cm Leinen,
12 Fäden/cm,
MEZ Nordin grün 246,
MEZ Nordin gold 907

Und so wird es gemacht:

Die Schnittkanten des Stoffes gegen das Ausfransen mit einem Zickzackstich sichern. Die Mittellinien markieren. 6 cm von der Schnittkante entfernt von der Mitte aus zu beiden Seiten hin die Stickerei anfertigen. Einen 2 cm breiten Saum mit Heftstichen an der äußeren Kreuzstichreihe anheften. Die fertige Stickerei von links feucht bügeln.

Ein Beispiel dafür, wie Sie aus einem Leinenrest ein hübsches Deckchen anfertigen können.

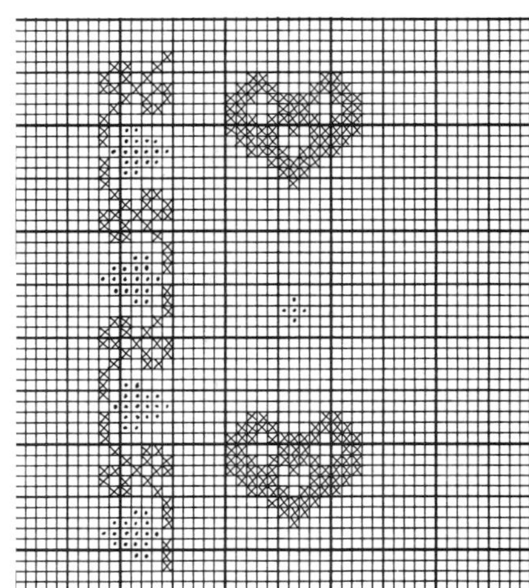

☒ 246
⊡ 907

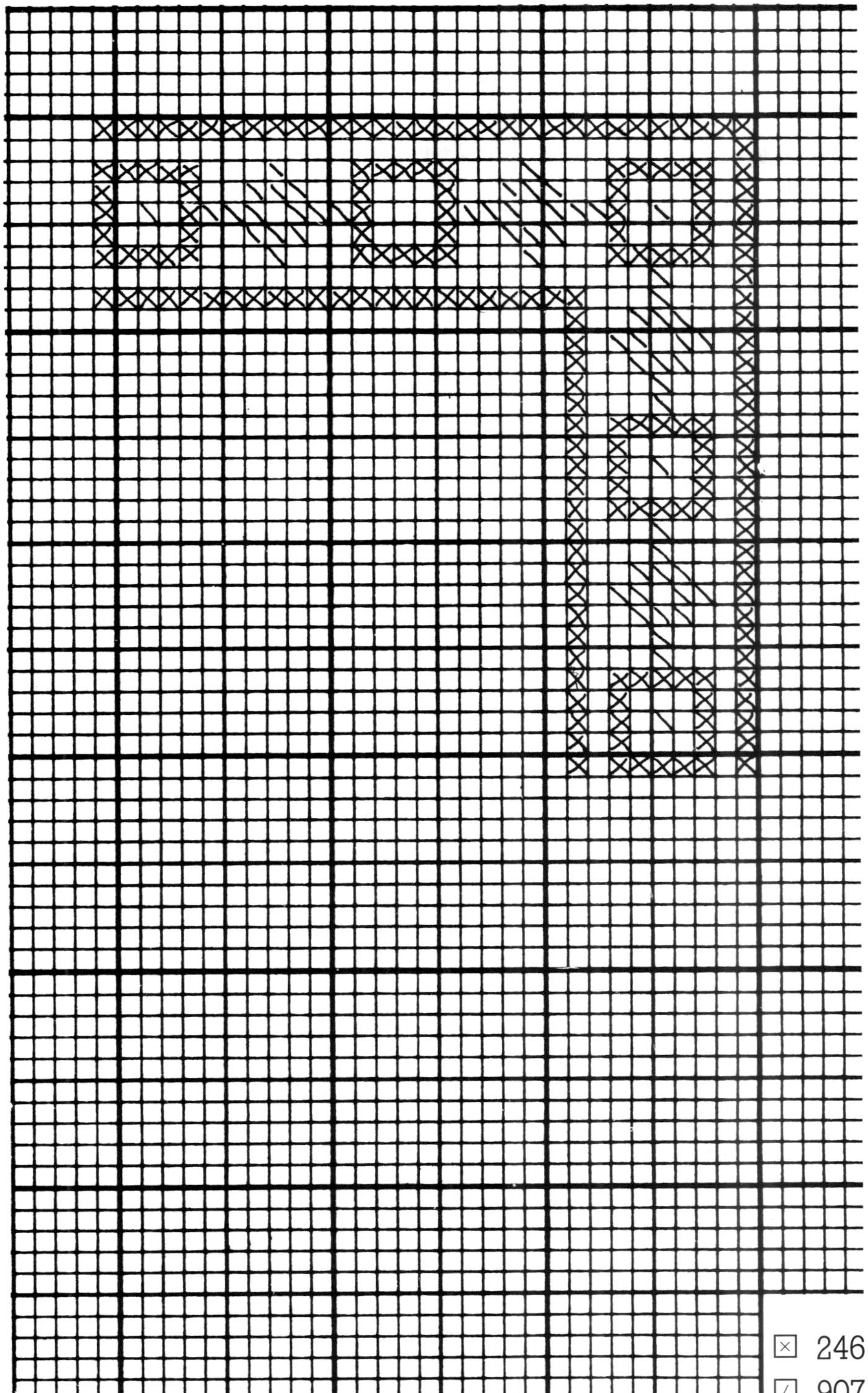

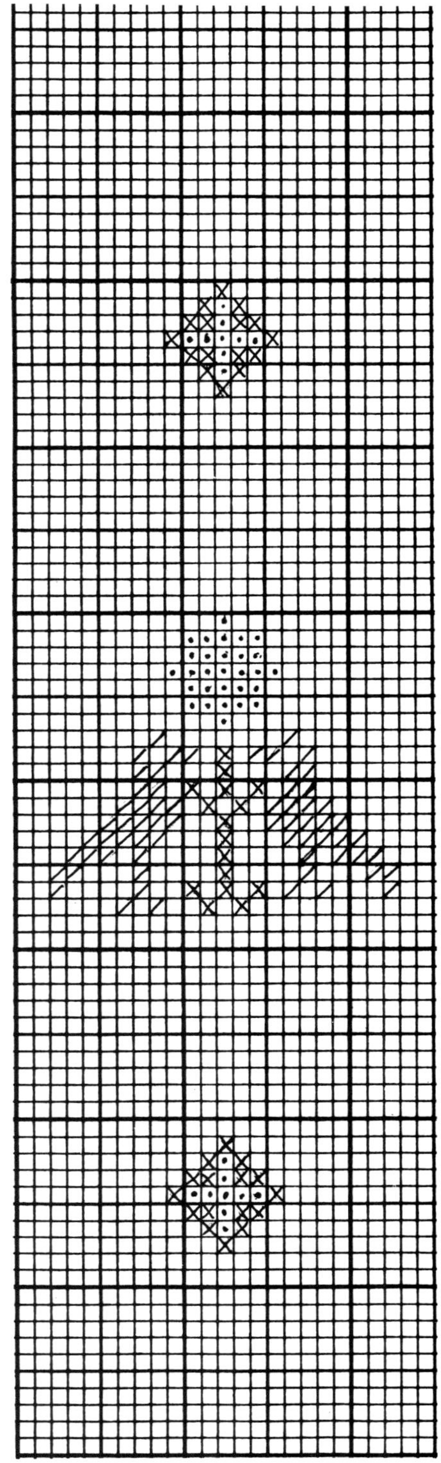

☒ 246
◫ 907

Sets mit Plattstichsaum

Mit einem einzigen Blumenmotiv wirken diese Sets besonders edel.

Größe: 35 × 45 cm

Material:

Zwei fertige Sets aus Leinen,
12 Fäden/cm,
MEZ Nordin grün 267,
MEZ Nordin gold 907

Und so wird es gemacht:

Die Stickerei in der linken Ecke der Sets anordnen. Vom Muster ausgehend rundherum eine Reihe Kreuzstich aufsticken. Die fertige Handarbeit von links feucht bügeln.

☒ 267

⊡ 907

Mitteldecke mit zweifarbigem Muster

Größe: 90 × 90 cm

Material:

Eine fertig gesäumte Mitteldecke (im Fachhandel erhältlich)
12 Fäden/cm,
MEZ Nordin grün 877,
MEZ Nordin grün 215

Und so wird es gemacht:

Die Mittellinien der Decke mit einem farbigen Faden markieren. 17 cm von der äußeren Saumlinie entfernt das große Motiv aufsticken. Die Randborte mit einem Abstand von 16 Fäden von der Mitte aus darunter sticken. Die kleineren Blütenmotive können Sie nach Belieben anordnen. Die fertige Decke von links feucht bügeln. Wollen Sie den Saum selber anfertigen, müssen Sie von einem Stoffbedarf von 100 × 100 cm ausgehen.

Eine Mitteldecke, die auf Anhieb gefällt.

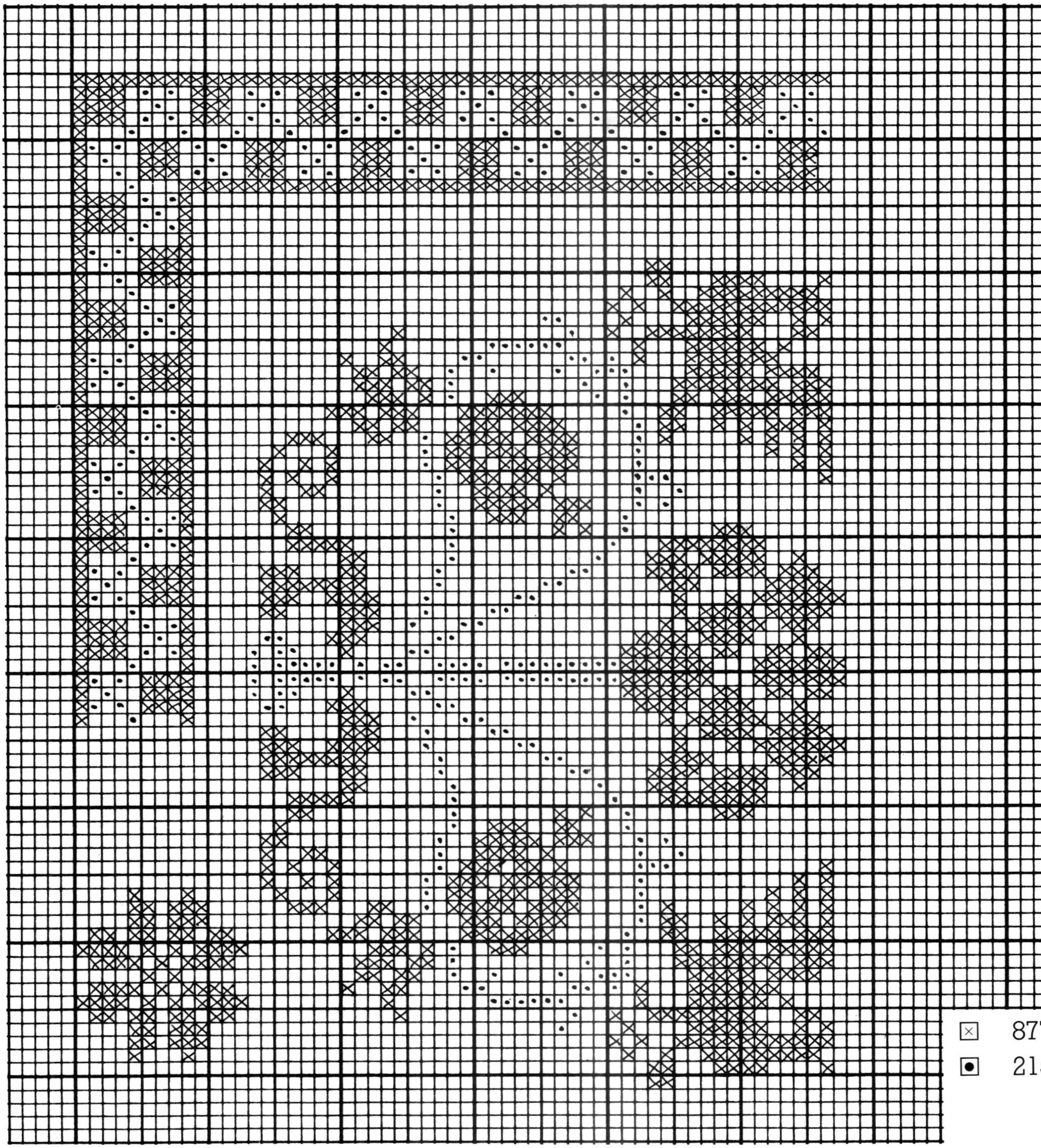

⊠	877
●	215

Schlichte grün bestickte Mitteldecke

Größe: 68 × 68 cm

Material:

80 × 80 cm Leinen,
12 Fäden/cm,
MEZ Nordin grün 268

Und so wird es gemacht:

Den fadengerade abgeschnittenen Stoff mit einem Zickzackstich sichern. 23 cm von der Schnittkante entfernt mit einer Ecke beginnen. Die Mitte des Stoffes auszählen und von hier aus mit der Stickerei beginnen. Die Decke mit einem 2 cm breiten Hohlsaum umranden. Dazu einen Gewebefaden ausziehen, Briefecken anfertigen und den Saum nach links umschlagen. Über zwei Gewebefäden den Saum mit Hohlsaumstichen befestigen. Die Decke vorsichtig waschen und von links feucht bügeln.

Zwei hübsche Motive, die auch für die Osterzeit geeignet sind.

Mitteldecke mit schönem Vogelmotiv

Größe: 75 × 75 cm

Material:

90 × 90 cm Leinen,
12 Fäden/cm,
MEZ Nordin blau 134

Und so wird es gemacht:

Den fadengerade abgeschnittenen Stoff gegen das Ausfransen mit einem Zickzackstich sichern. Die Stoffmitte mit einem farbigen Faden markieren. 17,5 cm von der Schnittkante entfernt von der Mitte nach beiden Seiten hin die Rankenborte aufsticken. Danach mit einem Abstand von 28 Gewebefäden das mittlere Blütenmotiv sticken, dabei unten mit der Herzspitze beginnen. Daneben beiderseits in gleicher Höhe mit einem Abstand von 62 Fäden die Vögel aufsticken. Rundherum für den 3 cm breiten Saum eine Kreuzstichreihe aufsticken. Die fertige Decke von links feucht bügeln.

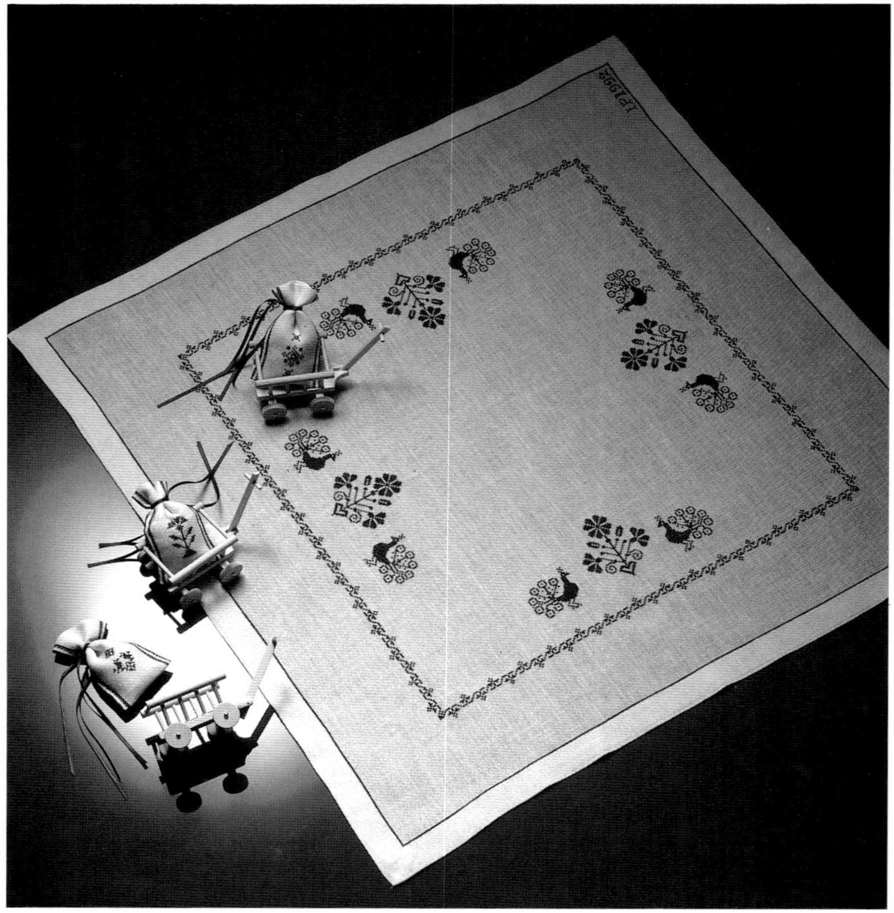

Schöne Mitteldecken werden wiederentdeckt – edles Leinen und schöne Farben setzen Akzente.

Geburtstagsband fürs Kinderzimmer

Größe: 20 × 54 cm

Material:

20 × 60 cm weißes Leinenband,
11 Fäden/cm,
MEZ Nordin blau 978

Und so wird es gemacht:

Die Schnittkanten des Bandes mit einem Zickzackstich sichern. Den Stoff zusammenfalten und die Mitte der Länge und Breite nach festlegen. Beginnen Sie die Stickerei 27 cm von der oberen Kante entfernt mit dem mittleren großen Herzsymbol. Sticken Sie dieses von oben nach unten. Den oberen Text bringen Sie 4,5 cm von der Hohlsaumkante entfernt an. Die untere Wellenlinie ist 2,5 cm vom Fransensaum entfernt. Die übrigen Motive können Sie dazwischen beliebig anordnen. Der untere Fransensaum wurde hier mit einem Kästchenhohlsaum über drei Fäden befestigt.

Kerzentücher eignen sich besonders für Kindtaufe, Erstkommunion, Hochzeit und andere Familienfeiern.

Neues Leben und das
Glück!
ANNA

Kerzentuch mit Namen

Größe: 15 × 50 cm

Material:

50 cm weißes Leinenband, 15 cm breit, 11 Fäden/cm, MEZ Nordin hellgelb 275

Und so wird es gemacht:

Die Schnittkanten des Bandes gegen das Ausfransen sichern. Auf eine Bandhälfte, 8 cm vom unteren Rand entfernt, den Namen aufsticken. Darunter das Geburtsdatum anordnen. Auf der gegenüberliegenden Seite sticken Sie in 6 cm Höhe und 3,5 cm vom linken Rand entfernt das Symbol der Geburt auf. Zu jedem weiteren Festanlaß können Sie weitere Symbole mit den entsprechenden Daten aufsticken. An den Bandenden einen 1 cm breiten Fransensaum anbringen, den Sie mit Hohlsaumstichen sichern. Mit einem Abstand von 4 Gewebefäden fertigen Sie darüber eine Reihe Kästchenstich zur Verzierung an. Das fertige Band von links feucht bügeln.

Siehe auch Seite 28 und 54.

Siehe auch Seite 26.

Siehe auch Seite 48.

Siehe auch Seite 24 und 46.

Siehe auch Seite 88.

Siehe auch Seite 38.

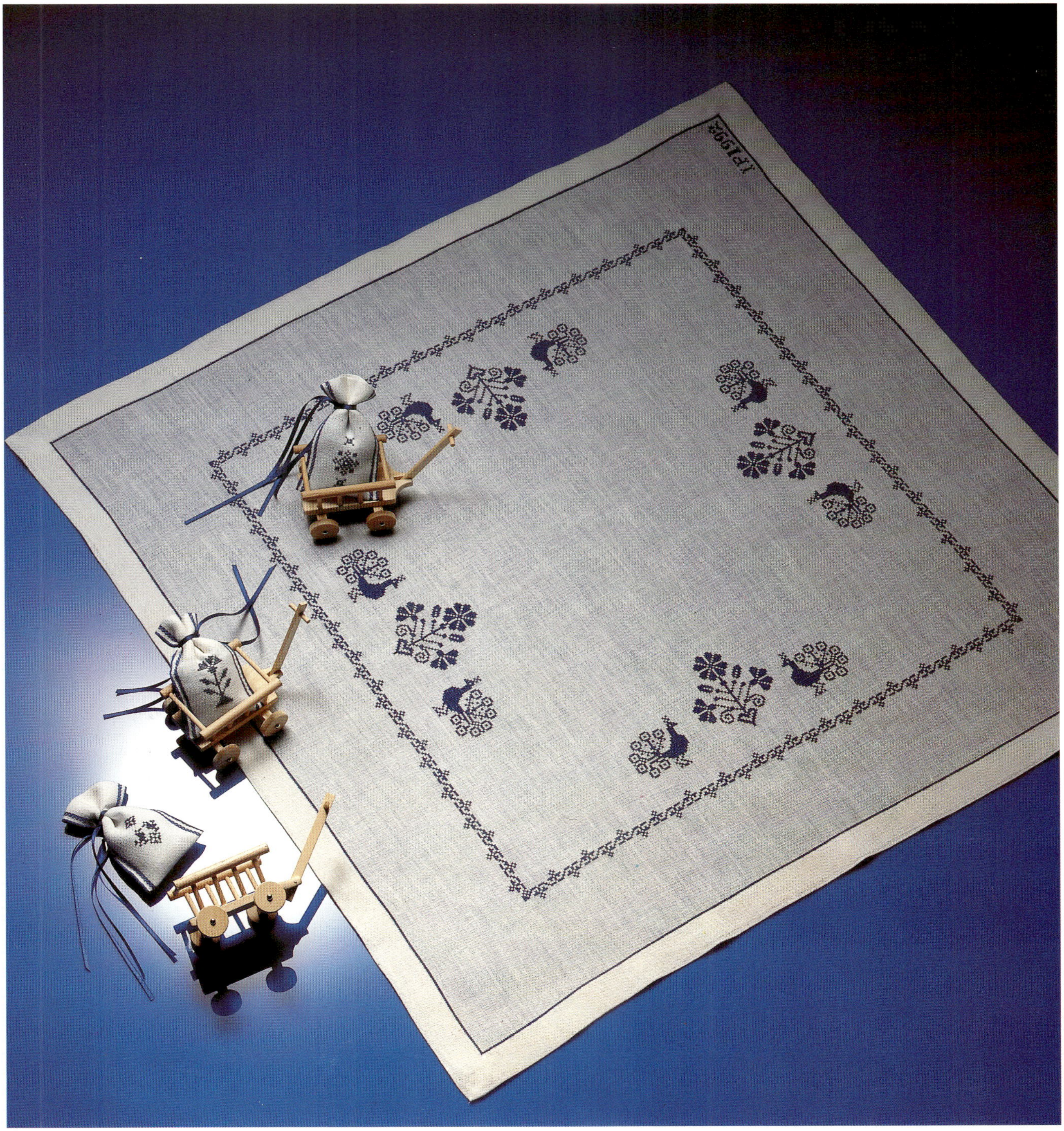

Siehe auch Seite 56.

Siehe auch Seite 30 und 42.

Siehe auch Seite 74 und 77.

Siehe auch Seite 36.

Siehe auch Seite 86.

Siehe auch Seite 44.

Kerzentuch mit einem Kreuz

Größe: 14 × 65 cm

Material:

65 cm weißes Leinenband, 14 cm breit,
11 Fäden/cm,
MEZ Nordin hellgelb 275,
einige Fäden Goldstickgarn

Und so wird es gemacht:

Die Schnittkanten des Bandes mit einem Zickzackstich gegen das Ausfransen sichern. Die Mitte des Bandes der Länge und Breite nach markieren. 10 cm von der unteren Kante das Muster von der Mitte her aufsticken. Den Kreis mit dem Goldgarn im Steppstich über zwei Fäden sticken. Auf der gegenüberliegenden Bandseite ebenfalls in gleicher Höhe einen Kreis mit Goldfäden sticken. Dahinein die Initialien stikken. An den Enden des Bandes einen 2,5 cm breiten Fransensaum anbringen, den Sie mit Hohlsaumstichen sichern. Das fertige Band von links feucht bügeln.

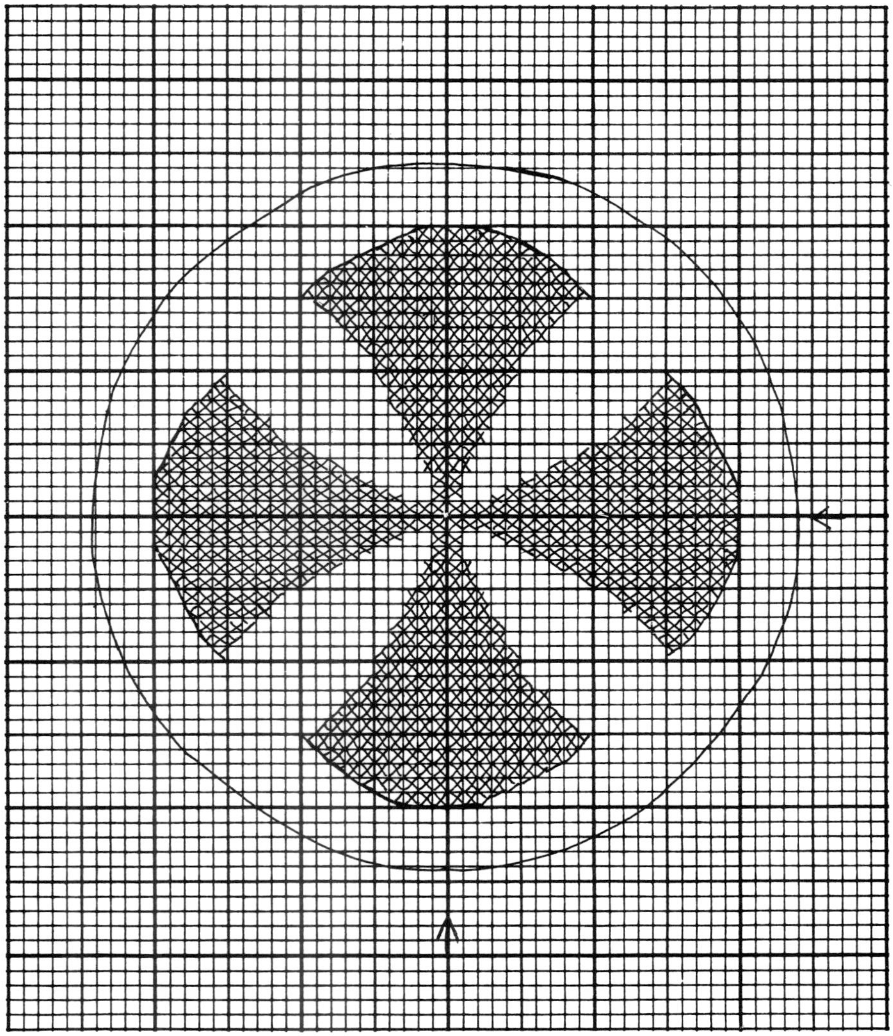

Maßband für das Kinderzimmer

Größe: 16 × 102 cm

Material:

16 × 110 cm Leinen,
11 Fäden/cm,
MEZ Nordin grün 246
Steppstich Luftballonbänder,
MEZ Nordin rot 13
Steppstich Mund Kaspar,
MEZ Nordin blau 123
Steppstich Eisenbahn,
MEZ Nordin gelb 298,
MEZ Nordin schwarz 403
Steppstich Meßlatte,
MEZ Nordin h.-grün 244,
MEZ Nordin beige 778,
MEZ Nordin braun 358
Steppstich Peitsche,
MEZ Nordin h.-braun 378,
MEZ Nordin d.-braun 360
Steppstich Bärengesicht

Und so wird es gemacht:

Die Schnittkanten des Bandes mit einem Zickzackstich sichern. Das Band zusammenfalten und die Mitte der Länge nach auszählen. 13 cm von der unteren Schnittkante entfernt und 2,5 cm von der rechten Webkante mit der Meßlatte im Linienstich beginnen. Die einzelnen Motive von der Mitte aus aufsticken. Oberhalb der unteren Saumlinie das Geburtsdatum und die Größe des Kindes mit dem Linienstich aufsticken. Unterhalb der oberen Saumlinie den Namen des Kindes anbringen. Als Abschluß unten einen 2 cm breiten Fransensaum anfertigen und oben einen 3 cm breiten Saum, an dem die Seiten offen bleiben, um einen Holzstab durchziehen zu können. Zum Aufhängen können Sie auch zwei kleine Messingringe am oberen Rand von links einnähen. Das fertige Band vorsichtig waschen und von links feucht bügeln. Die Meßlatte können Sie an Stelle des Linenstiches auch mit Kreuzstichen aussticken.

Das Maßband im Kinderzimmer ist zweckmäßig und dekorativ zugleich.

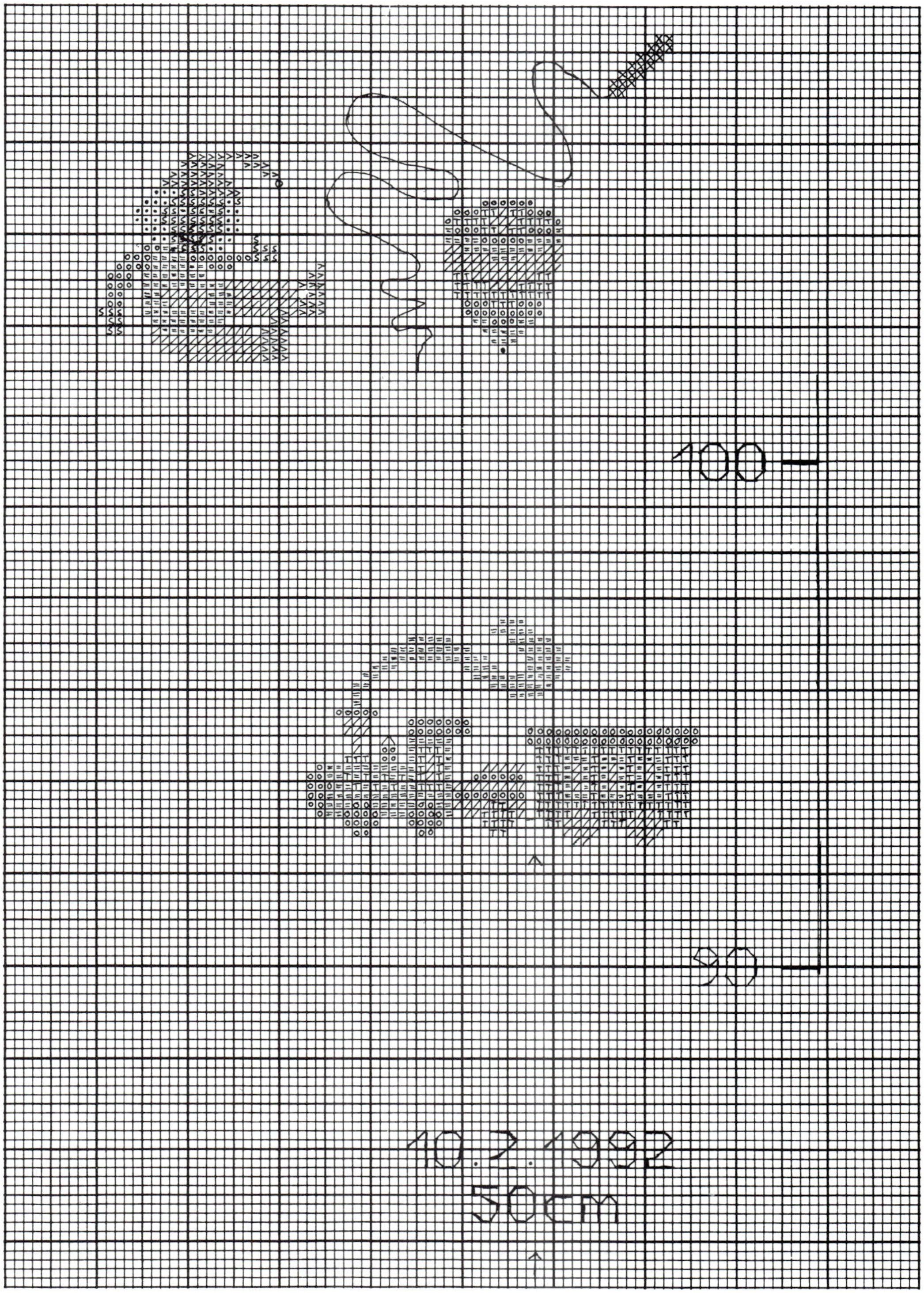

T	246
O	13
=	123
/	298
×	403
>	244
S	778
×	358
●	378
■	360

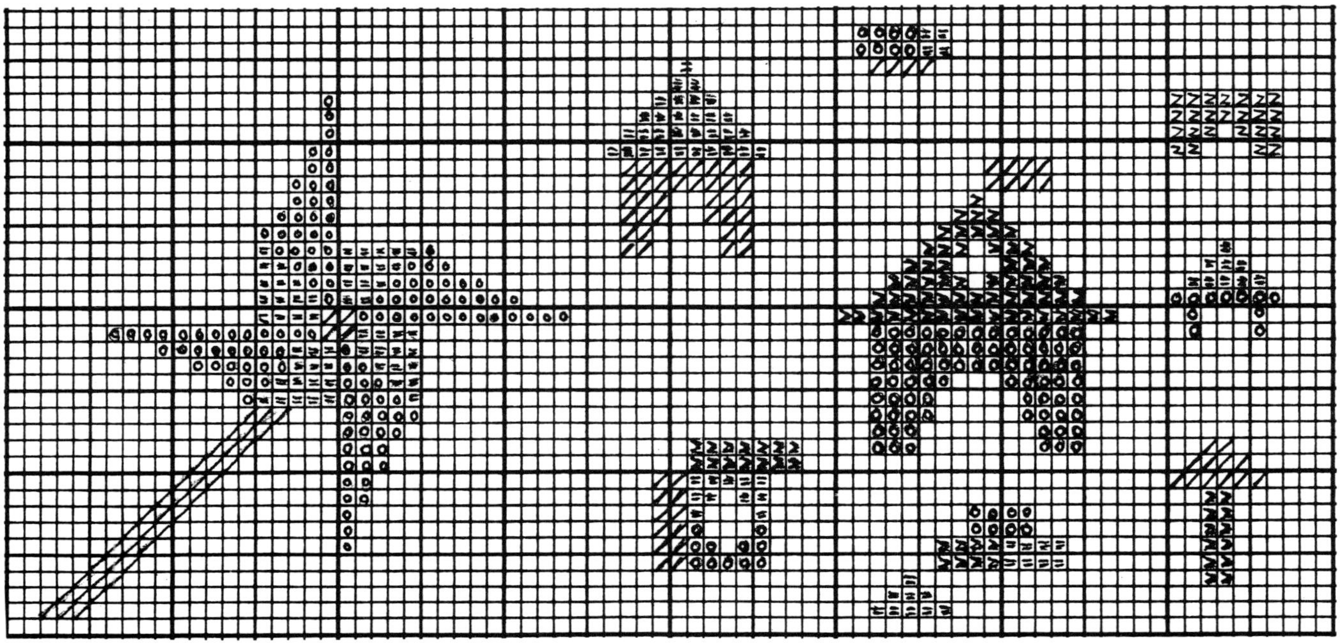

Schleife zur Geburt

Größe: 10 × 115 cm

Material:

115 cm weißes Leinenband
mit eingewebter Borte,
10 cm breit, 11 Fäden/cm,
MEZ Nordin blau 127 (Steppstich),
MEZ Nordin blau 123,
MEZ Nordin hellblau 117,
MEZ Nordin rot 35

Und so wird es gemacht:

Die Schnittkanten gegen das Ausfransen mit einem Zickzackstich sichern. Die Mitte des Bandes der Länge und Breite nach ermitteln. Auf der linken Bandhälfte beginnen Sie mit der Stickerei des Kinderwagens. Darunter bringen Sie das Geburtsdatum an. Den Namen des Kindes sticken Sie auf die rechte Bandhälfte. Namen und Daten sollten Sie vorher unbedingt auf Karopapier aufzeichnen, um die Stickerei von der Mitte aus nach beiden Seiten hin sticken zu können. Zum Schluß die Enden des Bandes zu einer Spitze zusammennähen. Das fertige Band von links feucht bügeln und zusammenbinden.

Bestickte Schleife zur Geburt eines Kindes – eine tolle Geschenkidee.

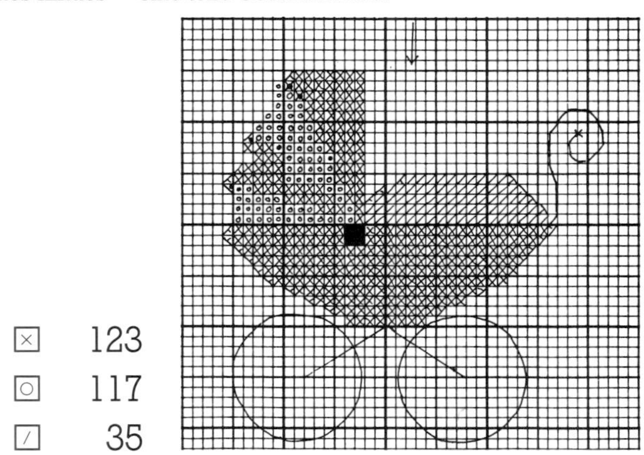

Hübscher Beutel als leichter Rucksack für Kinder

Größe: 40 × 48 cm

Material:

45 × 100 cm kariertes Leinen,
45 cm Leinenband mit blauer Borte,
MEZ Nordin blau 134,
140 cm blaue Kordel

Und so wird es gemacht:

Zuerst die Mitte des Leinenbandes der Länge und Breite nach festlegen. Den Namen und die danebenstehenden kleinen Muster aufsticken. 13 cm vom unteren Rand entfernt das bestickte Band auf die Vorderseite des Beutels aufsteppen. Die Seitennähte schließen. Am oberen Rand einen 2 cm breiten Saum zum Durchziehen der Kordel anfertigen. Dabei in der rückwärtigen Mitte einen Schlitz offenlassen. Von hier aus die Kordel durchziehen und die geknoteten Enden unten an den Ecken des Beutels gut festnähen. Den fertigen Beutel feucht bügeln.

Für Sport und Freizeit: ein praktischer und leichter Turnbeutel.

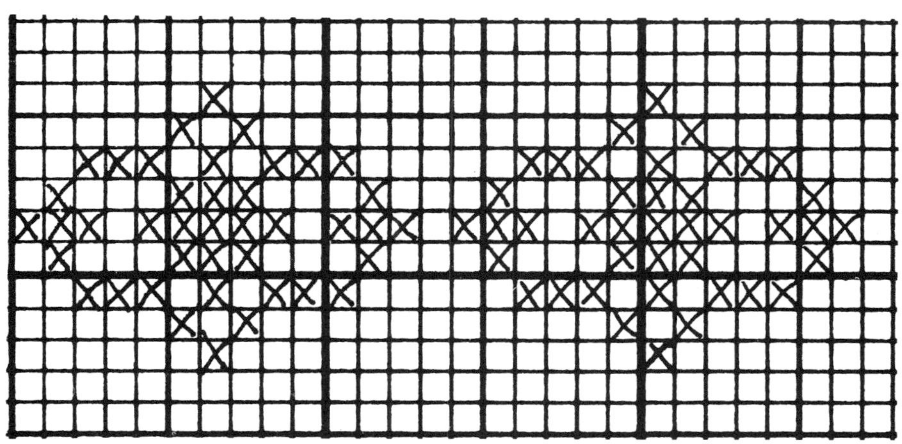

Kissen

Allgemeine Anleitung:

Größe: 40 × 40 cm

Material:

45 × 85 cm Leinen,
Nordin Stickgarn
in den entsprechenden Farben,
1 Kissenfüllung

Und so wird es gemacht:

Das Leinen fadengerade abschneiden und mit einem Zickzackstich sichern. Auf der Oberseite der Kissenplatte die Mitte mit einem bunten Faden markieren. Das Muster von der Mitte aus zu beiden Seiten hin aufsticken. Die Seitennähte schließen, in der unteren Naht eine Öffnung für den Reißverschluß offenlassen. Den Reißverschluß verdeckt einnähen. Die Nahtränder beschneiden, über Eck abschrägen und mit einem Zickzackstich versäubern.

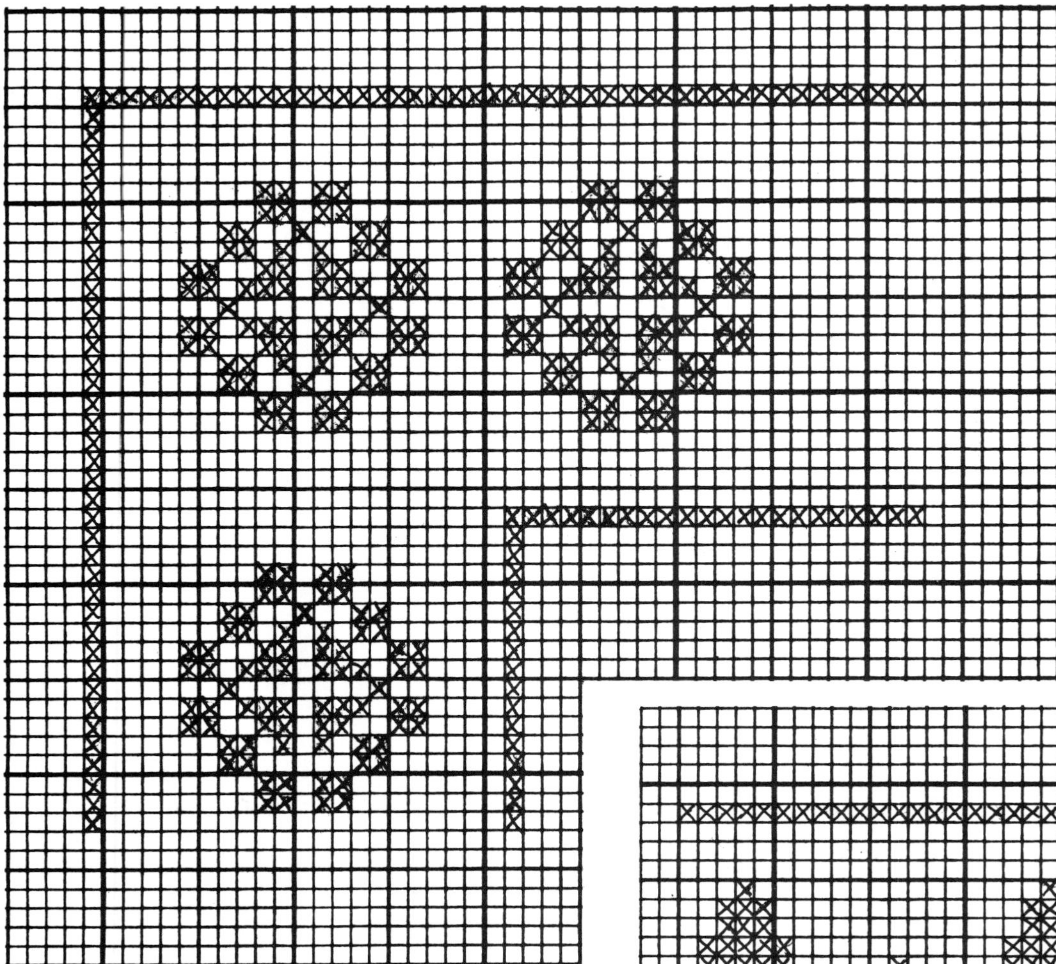

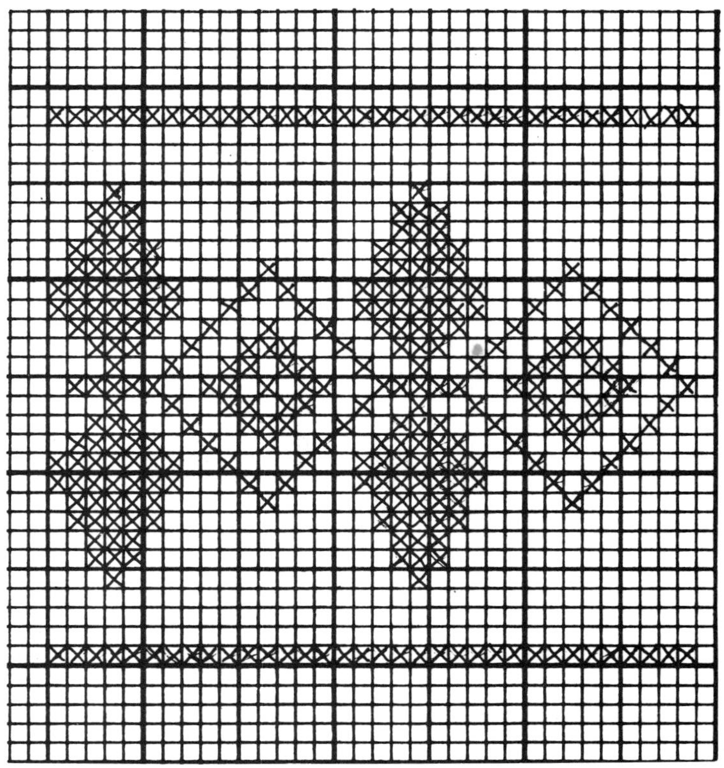

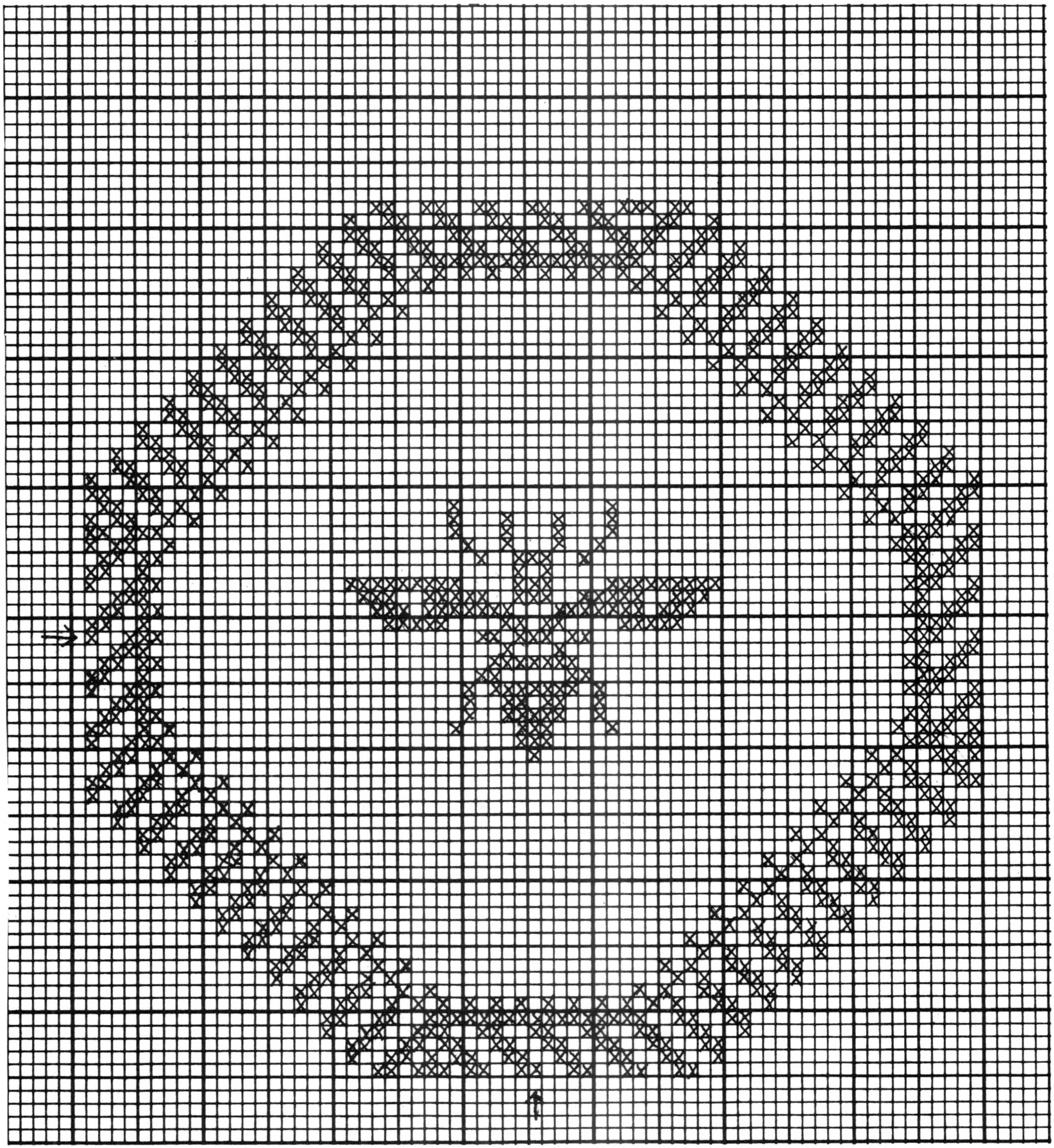

Weihnachtsband „Frohe Weihnacht“

Größe: 7 × 150 cm

Material:

7 × 150 cm beiges Band
mit grünem eingewebtem Rand,
11 Fäden/cm,
MEZ Nordin grün 862,
MEZ Nordin rot 47

Und so wird es gemacht:

Die Schnittkanten des Bandes mit einem Zickzackstich gegen das Ausfransen sichern. Die Bandmitte der Breite nach durch Auszählen der Fäden ermitteln und markieren. 6 cm von der Schnittkante entfernt den ersten Stern aufsticken. Die Mitte der Sterne mit rotem Garn aussticken. Den Text „Frohe Weihnacht“ am anderen Ende des Bandes anbringen. Für den Saumabschluß jeweils eine Spitze nähen, an dessen Ende Sie ein Messingglöckchen befestigen können.

Dieses weihnachtliche Muster können Sie auch mit anderen Stoff- und Garnfarben sticken.

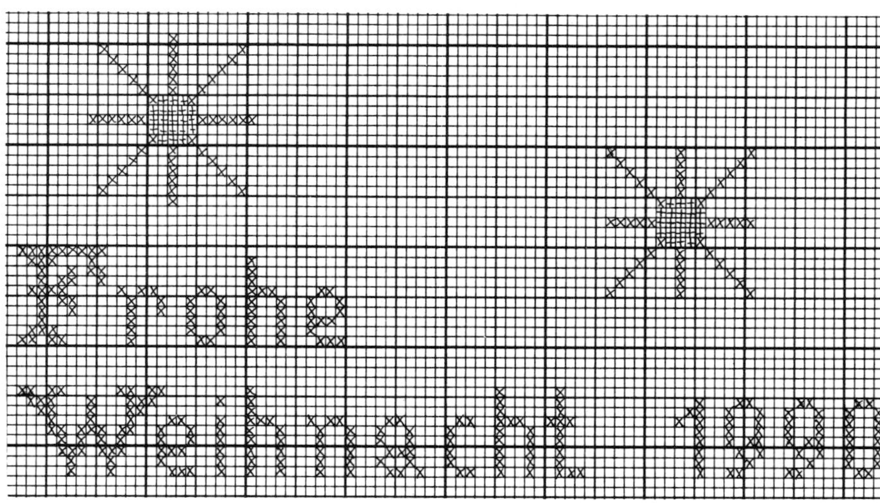

⊠ 862
⊞ 47

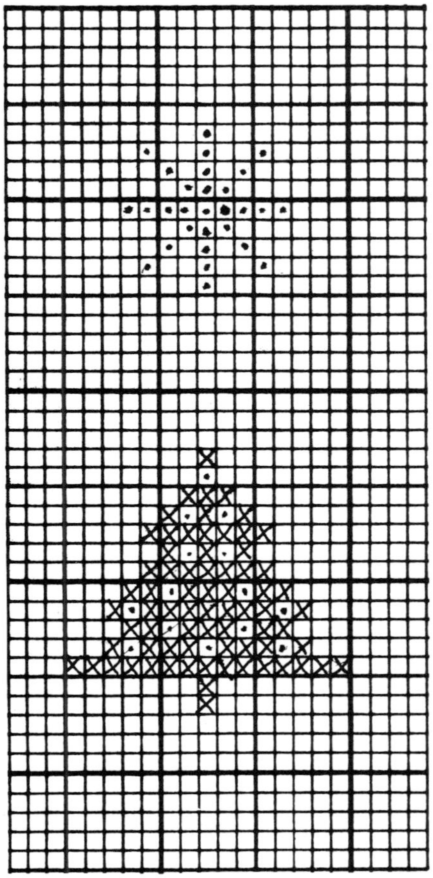

Schnell gestickt ist diese weihnachtliche Schmuckschleife.

Tischband mit passenden Servietten

Größe des Tischbandes: 8 × 125 cm
Größe der Servietten: 38 × 38 cm

Material:

8 × 125 cm weißes Leinenband mit eingewebter Borte,
42 × 42 cm Siebleinen,
11 Fäden/cm,
MEZ Nordin grün 266,
MEZ Nordin gold 907

Und so wird es gemacht:

Die Schnittkanten des Bandes mit einem Zickzackstich sichern. Das Band zusammenfalten, um die Mitte der Länge nach zu ermitteln. Anschließend die Bandmitte der Breite nach markieren und die Stickerei von der Mitte aus zu beiden Seiten hin ausführen. Der Abstand zwischen den einzelnen Bäumchen und Sternchen beträgt jeweils 22 Fäden. Für den Saumabschluß jeweils eine Spitze nähen. Die fertige Handarbeit von links feucht bügeln.

Servietten:

Bei den Servietten in einer Ecke die fünf Sternchen im rechten Winkel aufsticken. Nach Belieben ein Monogramm aufsticken, den 1,5 cm breiten Saum mit einer Kreuzstichborte abschließen und von links anheften.

Für dieses Tischband dient eine Leinendecke als Untergrund – bestickt mit einer farblich gleichen Kreuzstichborte.

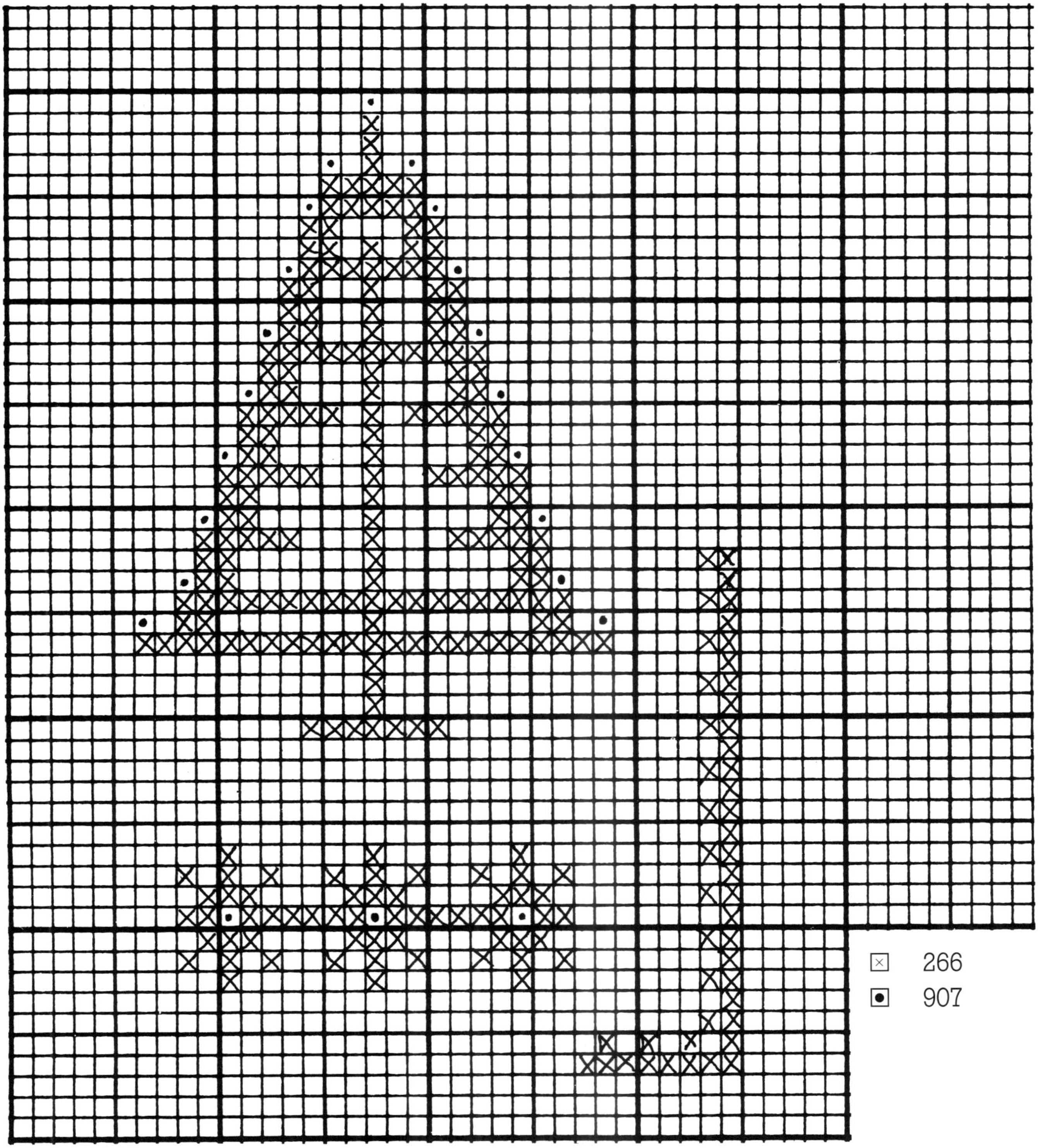

☒	266
⊡	907

Rote Weihnachtsdecke

Größe: 68 × 68 cm

Material:

86 × 85 cm rotes Leinen,
8 Fäden/cm,
MEZ Nordin grün 683,
MEZ Nordin gelb 292

Und so wird es gemacht:

Die Schnittkanten des Stoffes zuerst mit einem Zickzackstich gegen das Ausfransen sichern. Die Mitte der Decke mit einem farbigen Faden markieren. Gestickt wird mit doppeltem Faden. 17,5 cm von der Schnittkante entfernt von der Mitte des großen Sterns aus die Stickerei nach beiden Seiten hin ausführen. 10,5 cm von der Schnittkante entfernt eine Reihe Kreuzstich als Saumabschluß sticken. Einen 3,5 cm breiten Saum umlegen und mit Heftstichen an der Kreuzstichreihe von links annähen. Die fertige Decke von links feucht bügeln.

Grüne Sterne mit gelben Punkten ergeben die ausdrucksvolle Randbordüre dieser Mitteldecke.

Reich besticktes weihnachtliches Tischband

Größe: 10 × 118 cm

Material:

10 × 120 cm rotes Band,
8 Fäden/cm,
MEZ Nordin grün 217,
MEZ Nordin gelb 292

Und so wird es gemacht:

Die Schnittkanten des Bandes mit einem Zickzackstich sichern. Das Band zusammenfalten, um die Mitte der Länge nach zu ermitteln. Danach die Bandmitte der Breite nach markieren, von der Mitte aus die Stickerei mit dem ersten großen Stern beginnen. Für den Saumabschluß eine Spitze nähen. Die fertige Handarbeit von links feucht bügeln.

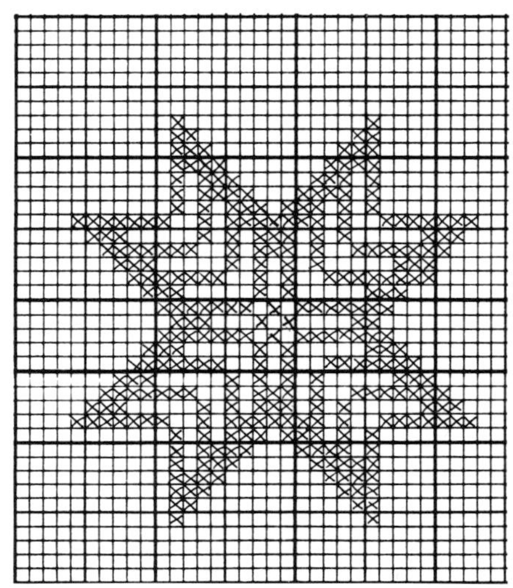

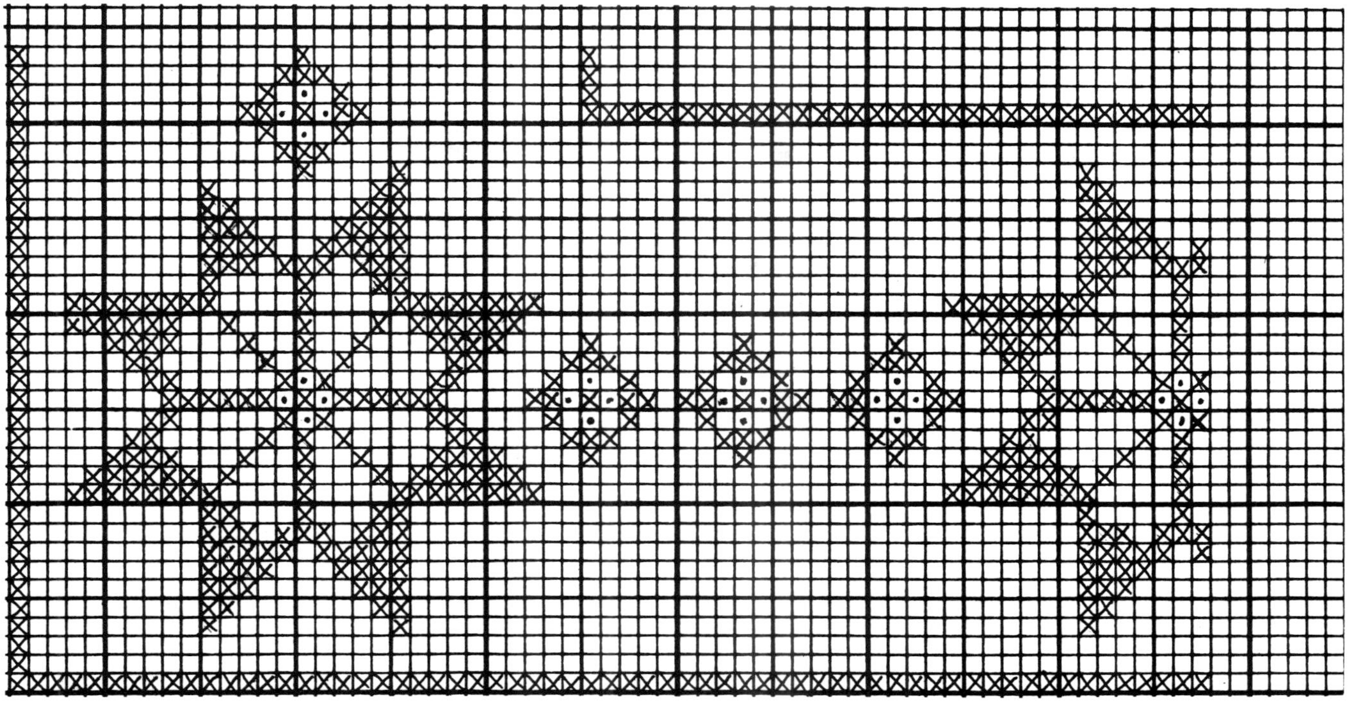

⊠ 683 ⊡ 292

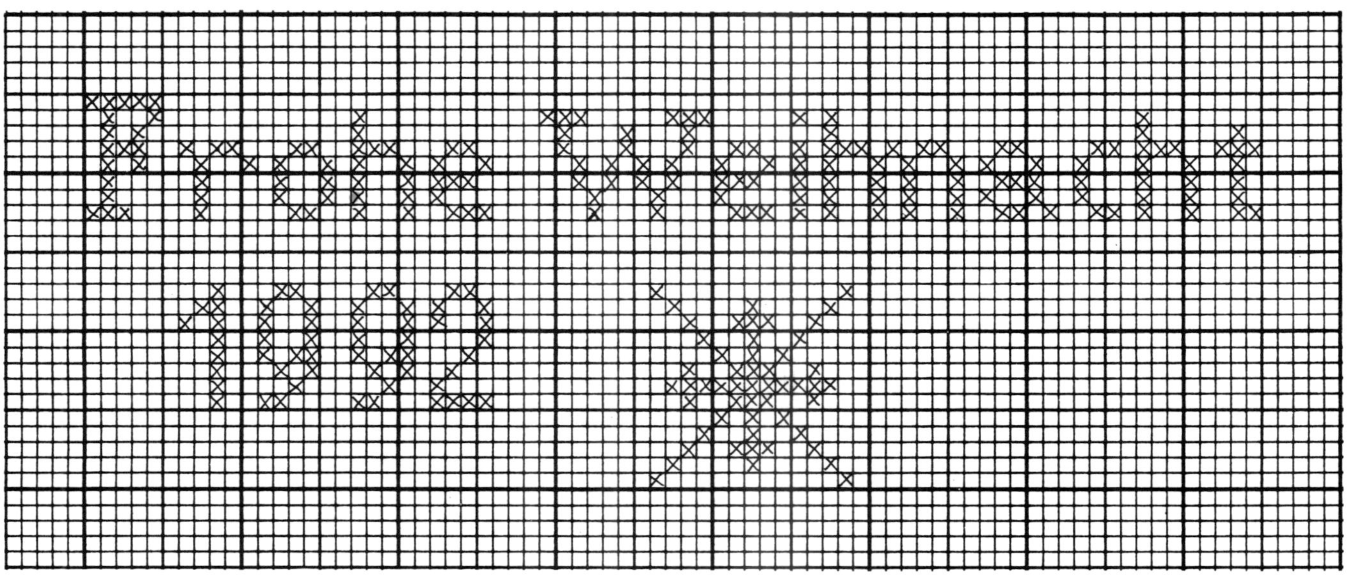

Die Arbeitsanleitung für das Schmuckband finden Sie auf Seite 82.

Tischläufer mit schöner Mittelborte

Größe: 20 × 65 cm

Material:

30 × 75 cm Leinen,
11 Fäden/cm,
MEZ Nordin grün 246,
MEZ Nordin gelb 306

Und so wird es gemacht:

Die Schnittkanten des Stoffes mit einem Zickzackstich gegen das Ausfransen sichern. Den Stoff der Länge und Breite nach zusammenfalten und die Stoffmitte ermitteln. Das Muster von der Mitte aus nach beiden Seiten hin aufsticken. Den Tischläufer mit einem 2 cm breiten Hohlsaum einfassen. Die fertige Handarbeit von links feucht bügeln.

Frühlingsstimmung vermitteln diese beiden Arbeiten.

Schmuckband für die Osterzeit

Größe: 5,5 × 80 cm

Material:

80 cm weißes Leinenband, 5,5 cm breit,
Ostereierkranz,
MEZ Nordin grün 244,
MEZ Nordin gelb 279

Und so wird es gemacht:

Eine kleine Schleife aus 20 cm Leinenband zusammenlegen und mit Seidenbändern binden. Das restliche Leinenband mit einem Text und den Blüten besticken. Zum Aufhängen dient oben ein Ring, durch den Sie das Band ziehen. Unten am Kranz die Schleife mit dem Band zusammenheften.

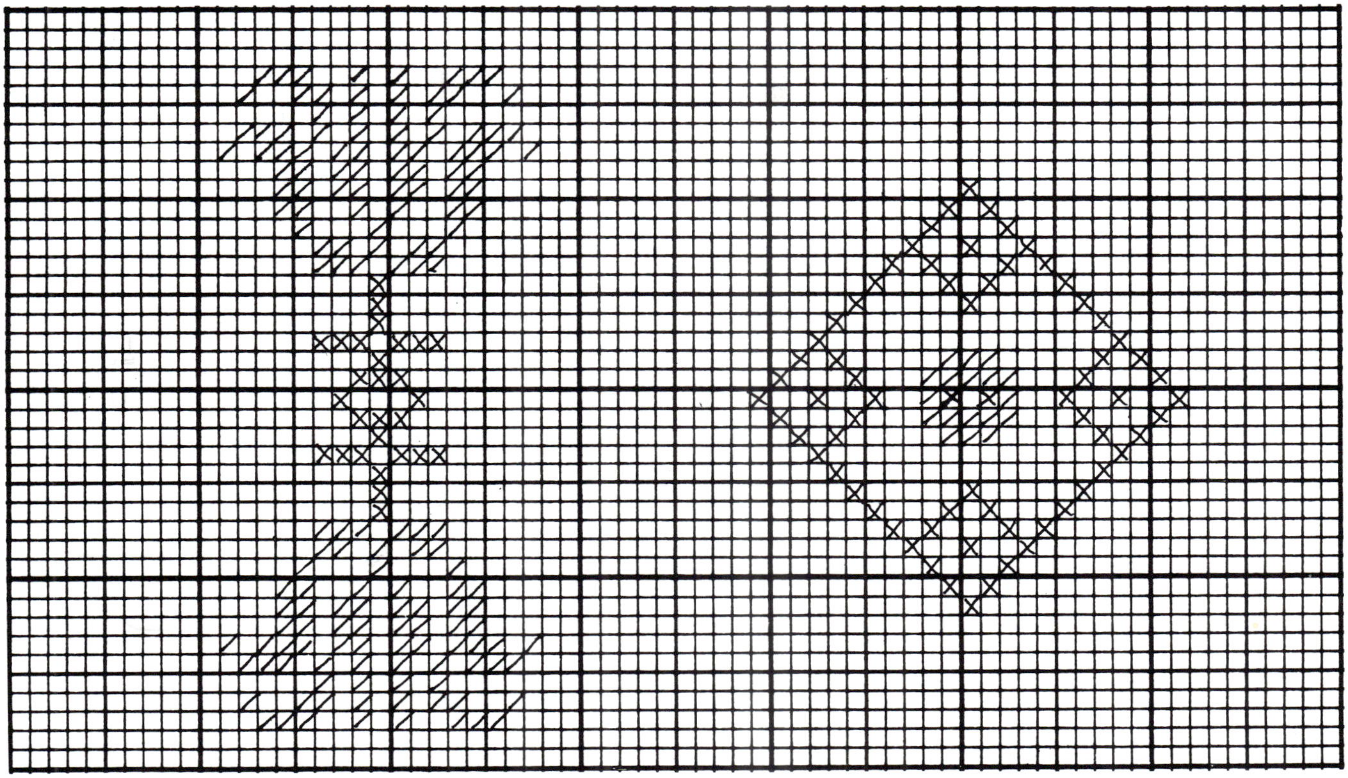

☒ 246

◪ 306

Schmuckband mit Osterhasen

Größe: 10 × 80 cm

Material:

80 cm weißes Leinenband mit eingewebter Borte, 10 cm breit, 11 Fäden/cm, MEZ Nordin braun 358, MEZ Nordin blau 133, MEZ Nordin grün 246, MEZ Nordin gelb 306, MEZ Nordin grün 217, MEZ Nordin rot 9046, MEZ Nordin schwarz 403 für Augen und Mund

Und so wird es gemacht:

Die Schnittkanten mit einem Zickzackstich sichern. Die Mitte des Bandes der Breite nach auszählen und 6 cm von unten das Muster von der Mitte her aufsticken (s. Pfeil). Auf der gegenüberliegenden Bandseite den Text „Frohe Ostern" aufsticken. Für den Saumabschluß jeweils eine Spitze nähen. Die fertige Stickerei von links feucht bügeln.

Mit dieser Schleife schaffen Sie einen dekorativen Osterschmuck.

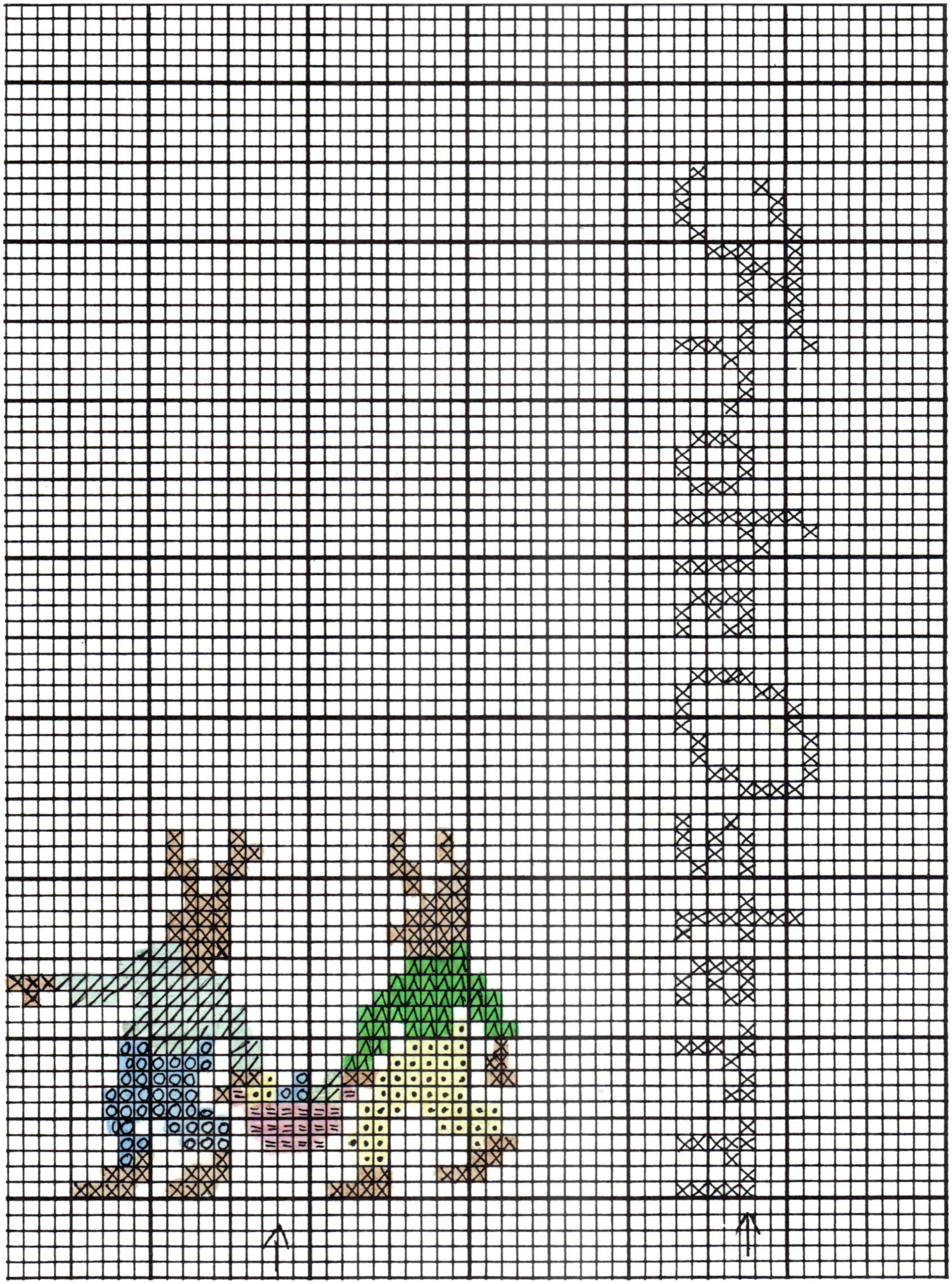

×	358
○	133
/	246
●	306
△	217
=	9046

Lustiges Osterhasenband

Größe: 10 × 120 cm

Material:

10 × 120 cm weißes Leinenband, 11 Fäden/cm,
MEZ Nordin grün 267,
MEZ Nordin hellgrün 266,
MEZ Nordin blau 123,
MEZ Nordin braun 365,
MEZ Nordin gelb 298,
MEZ Nordin blau 119,
MEZ Nordin rot 13,
MEZ Nordin grün 264,
MEZ Nordin braun 358,
MEZ Nordin grün 268,
MEZ Nordin beige 914,
MEZ Nordin braun 375,
MEZ Nordin blau 127

Und so wird es gemacht:

Das Band an den Schnittkanten mit einem Zickzackstich sichern. Die Bandmitte der Breite nach durch Auszählen der Fäden ermitteln. 11 cm von der unteren Kante entfernt das Muster von der Mitte her aufsticken. Für den Saumabschluß jeweils eine Spitze nähen. Das fertige Band von links feucht bügeln.

Ein besticktes Leinenband harmoniert besonders gut mit dem Osterkranz.

×	267
I	266
T	123
O	365
V	298
+	119
●	13
>	264
∧	358
-	268
□	914
S	375
■	127

Osterband als Wandschmuck

Größe: 22 × 40 cm

Material:

25 × 50 cm Leinen oder
20 × 40 cm weißes Leinenband,
11 Fäden/cm,
MEZ Nordin grün 877,
MEZ Nordin braun 393,
MEZ Nordin gold 907

Und so wird es gemacht:

Die Schnittkanten des Stoffes mit einem Zickzackstich sichern. Den Stoff zusammenfalten und die Mitte der Länge und Breite nach festlegen und markieren. Beginnen Sie von der Mitte aus das Lamm zu sticken, auf gleicher Höhe sticken Sie die beiden Lebensbäume 3,5 cm von der äußeren Saumlinie entfernt. Der Abstand vom Kopf des Lammes bis zu dem goldfarbigen Symbol beträgt 5 cm. Der Abstand vom Osterlamm bis zu dem Text „Ostern" beträgt 2,5 cm. An den Seitenlinien legen Sie den Saum 1 cm um und befestigen ihn mit feinen Heftstichen. Oben und unten ziehen Sie für den Hohlsaum einen Faden aus und befestigen diesen mit Vierfachstickgarn über drei Fäden. Die fertige Handarbeit von links feucht bügeln.

Kleiner Wandbehang für die Osterzeit – im Mittelpunkt das Osterlamm.

⊠ 393
● 907
⊠ 877

Tischläufer mit brauner Borte

Größe: 30 × 72 cm

Material:

40 × 85 cm Leinen,
11 Fäden/cm,
MEZ Nordin braun 393

Und so wird es gemacht:

Die Schnittkanten des Tischläufers mit einem Zickzackstich gegen das Ausfransen sichern. Den Stoff zusammenfalten und die Mitte der Länge und Breite nach festlegen. Die Stickerei von der Mitte aus zu beiden Seiten hin anfertigen. Entlang der Saumlinie eine Kreuzstichreihe lt. Abbildung aufsticken. Den Saum nach links umschlagen, Briefecken anfertigen und mit Heftstichen befestigen. Den Tischläufer vorsichtig waschen und von links feucht bügeln.

Diese Arbeit finden Sie auf Seite 79 abgebildet.

Brotkorb-deckchen

Größe: 25 × 25 cm

Material:

30 × 30 cm Leinen,
10 Fäden/cm,
MEZ Nordin blau 123

Und so wird es gemacht:

Den fadengerade abgeschnittenen Stoff mit einem Zickzackstich sichern. Die Stoffmitte und die Saumlinien mit einem farbigen Faden markieren. 5 cm von der Schnittkante entfernt von der Mitte aus zu beiden Seiten hin die Borte aufsticken. Anschließend den 1 cm breiten Saum nach links umschlagen. Für den Hohlsaumstich einen Faden ausziehen, Briefecken anbringen und den Saum über drei Fäden mit Hohlnahtstichen befestigen. Das fertige Deckchen von links feucht bügeln.

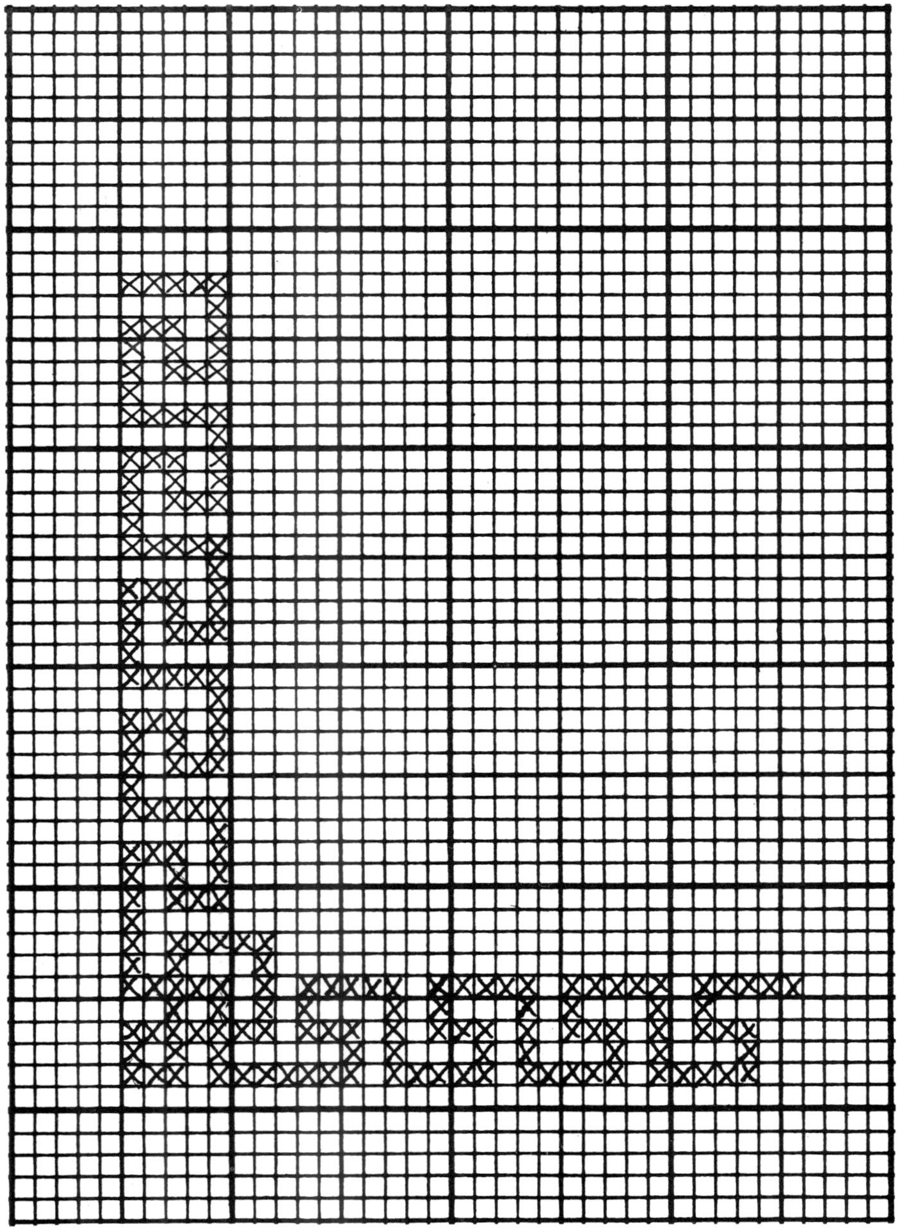

Diese Arbeit finden Sie auf Seite 14 abgebildet.

Tischband mit roten Sternen

Größe: 10 × 125 cm

Material:

10 × 125 cm weißes Leinenband mit roter eingewebter Borte, MEZ Nordin rot 47

Und so wird es gemacht:

Die Schnittkanten des Bandes mit einem Zickzackstich sichern. Das Band zusammenfalten, um die Mitte der Länge nach zu ermitteln. Anschließend die Bandmitte der Breite nach markieren und die Stickerei von der Mitte aus mit dem mittleren der drei kleinen Sterne beginnen. Von hier aus nach beiden Seiten hin weitersticken. Der Abstand zwischen den kleinen Sternen beträgt 26 Gewebefäden, zwischen dem großen und dem ersten kleinen Stern 36 Gewebefäden. Für den Saumabschluß nähen Sie eine Spitze. Das fertige Tischband von links feucht bügeln.

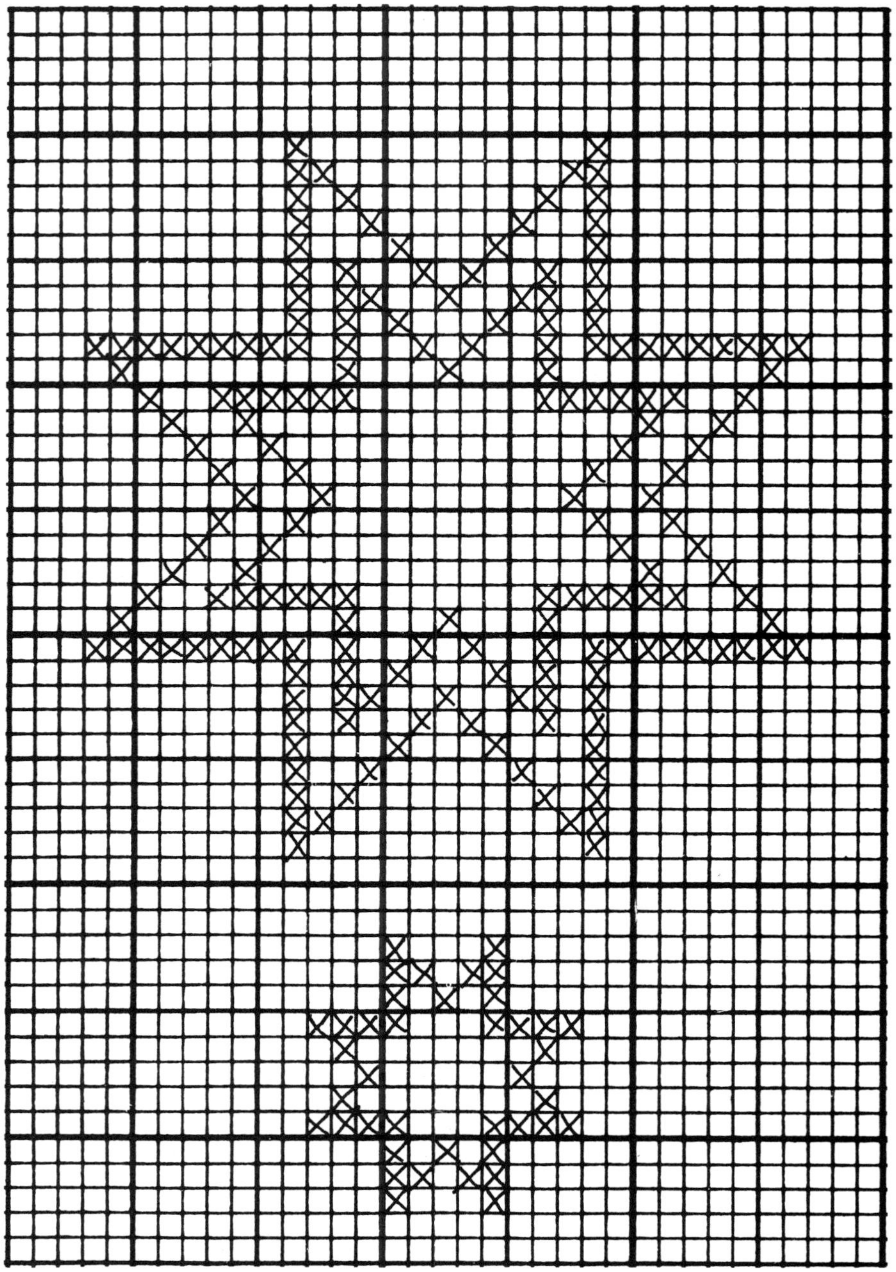

Diese Arbeit finden Sie auf Seite 36 abgebildet.

Weitere Muster vorschläge für Ihre Kreuzstich-stickerei:

Auf den folgenden Seiten finden Sie schöne Motive zum Nachsticken. Sie können sie ganz nach Ihrem eigenen Geschmack zusammenstellen und für die verschiedensten Dinge verwenden. Ihrer Phantasie sind dabei keine Grenzen gesetzt.

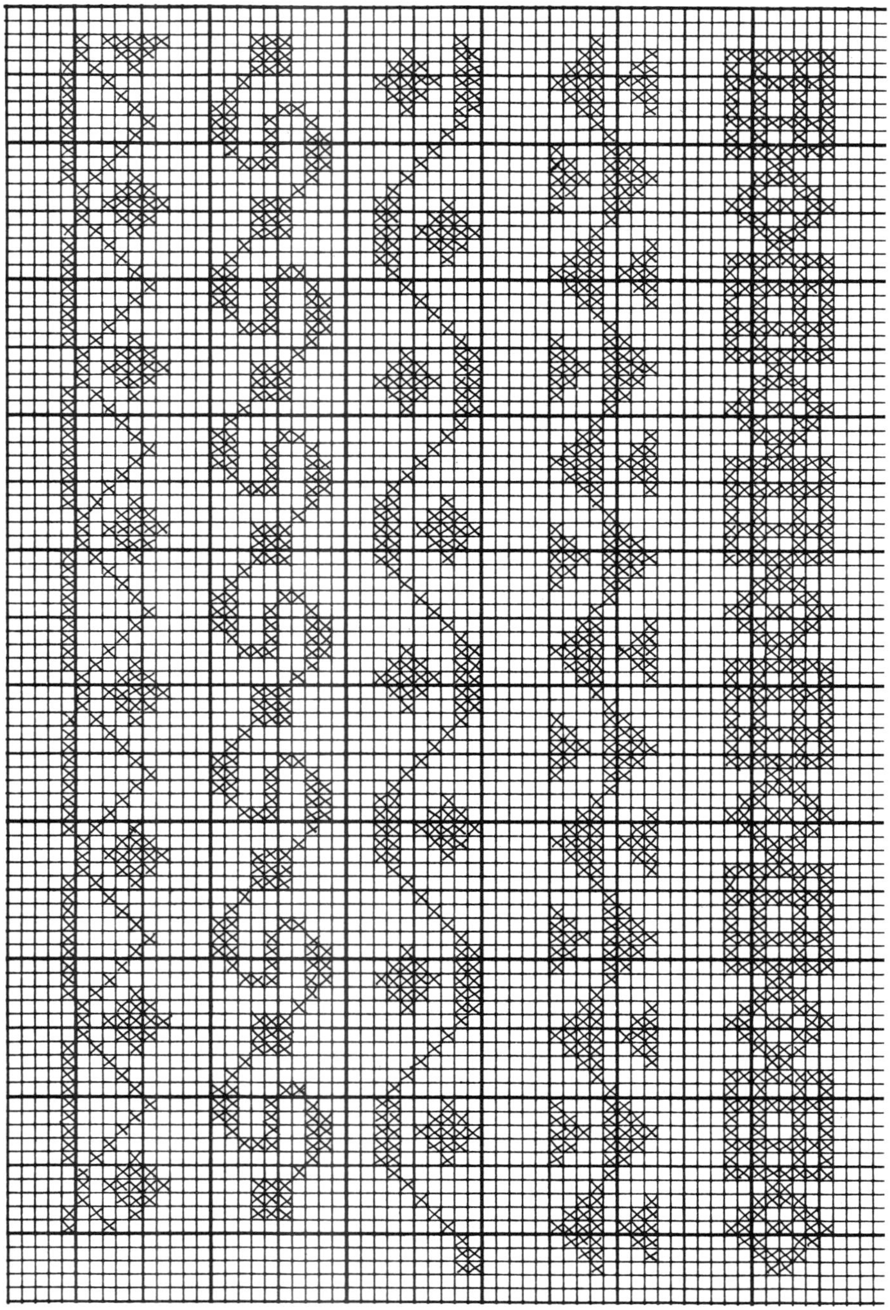

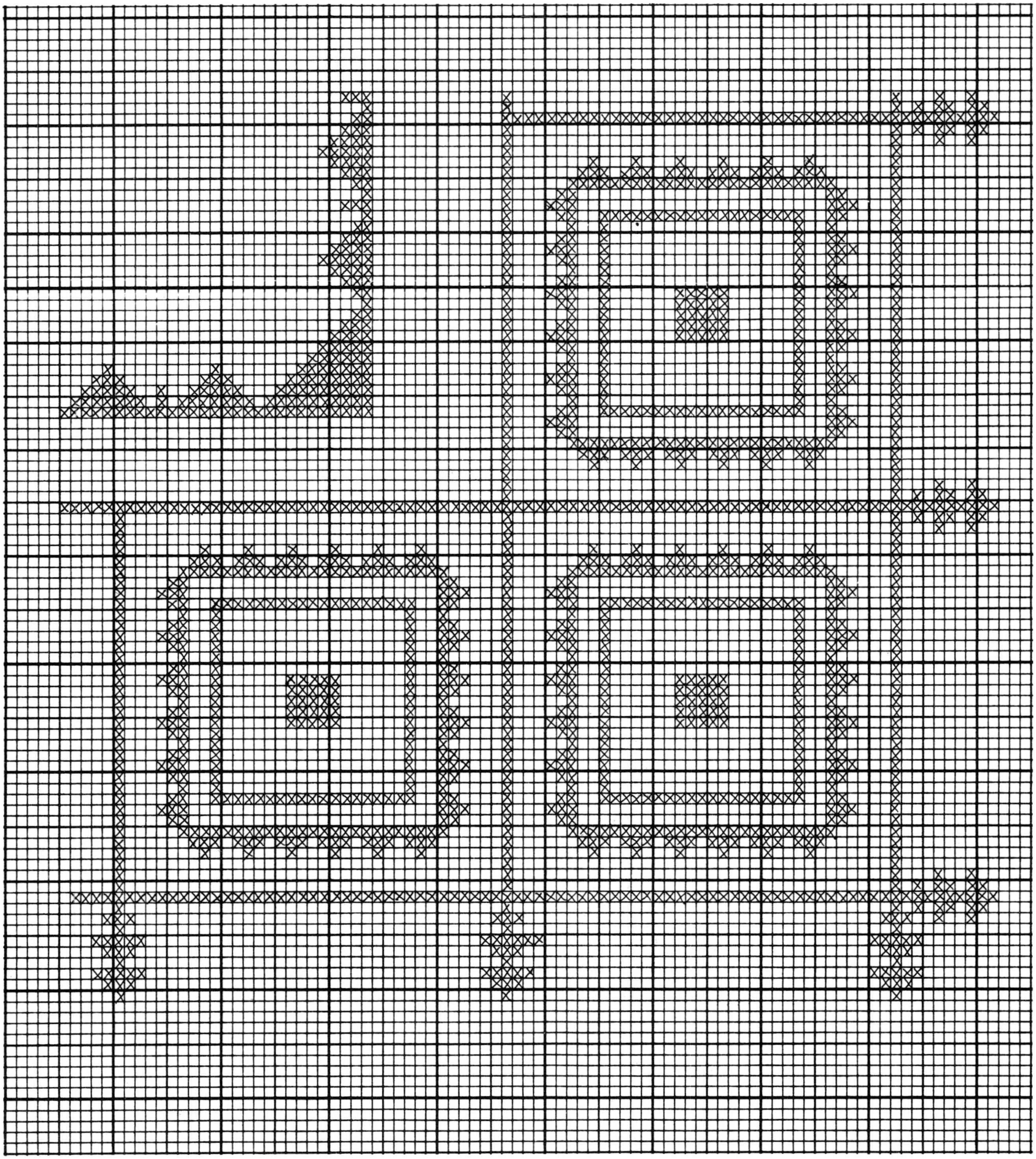

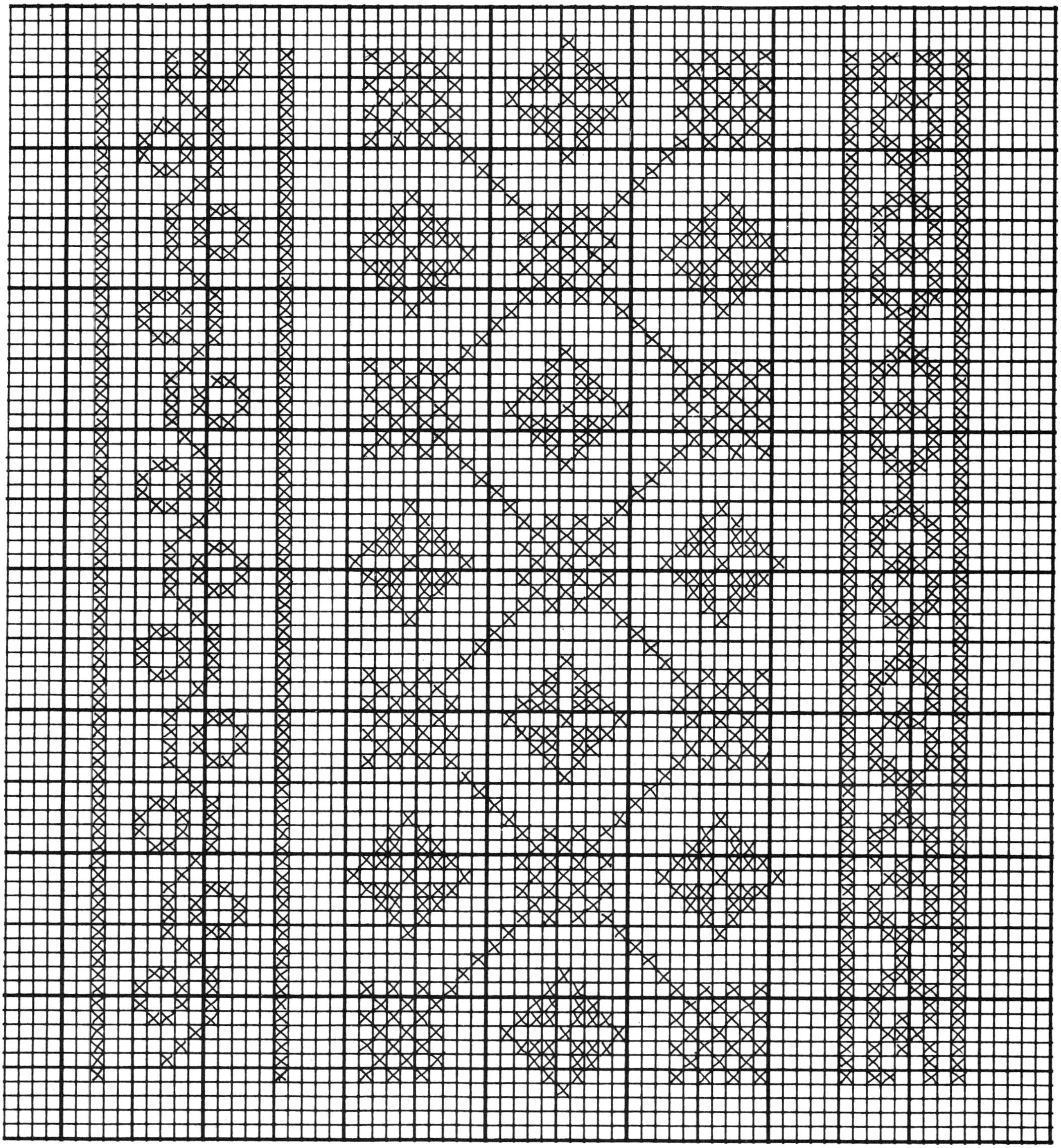

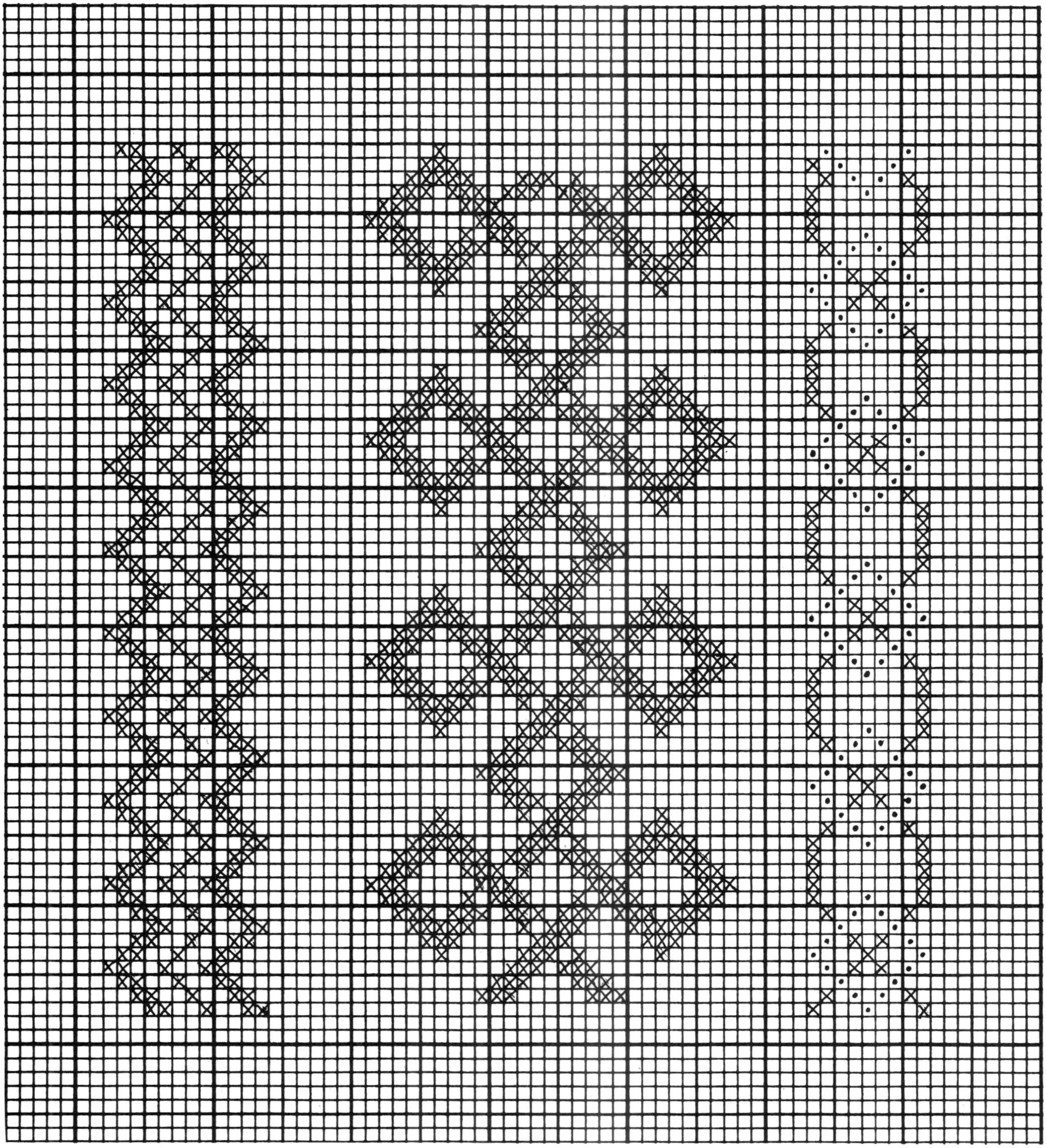

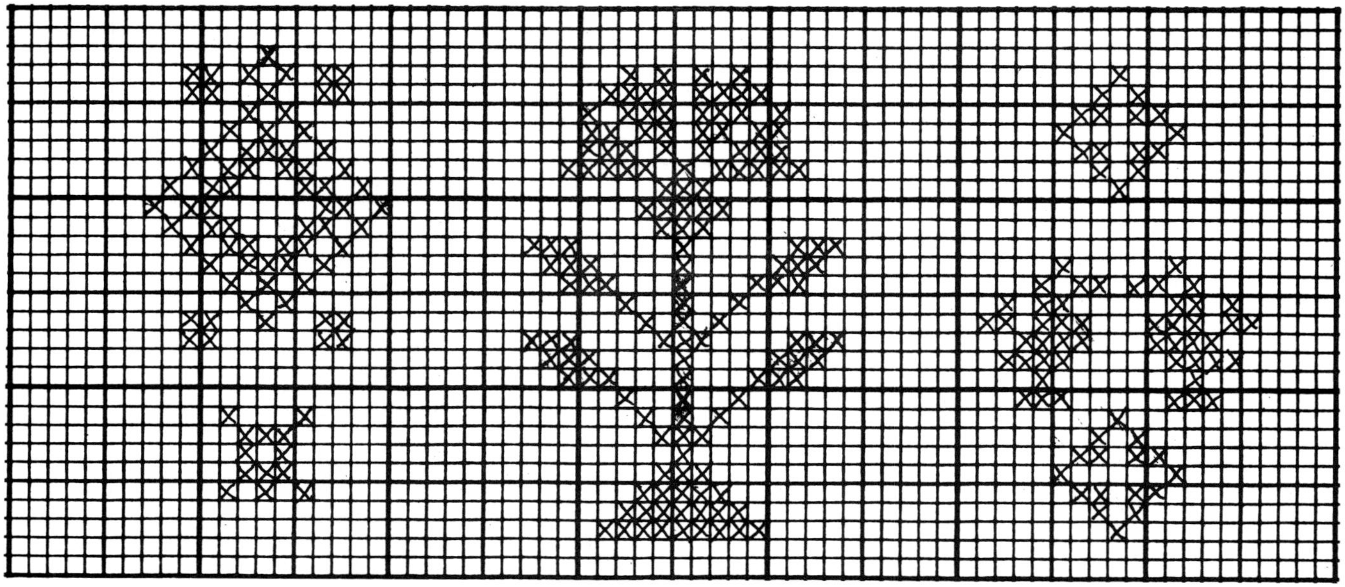

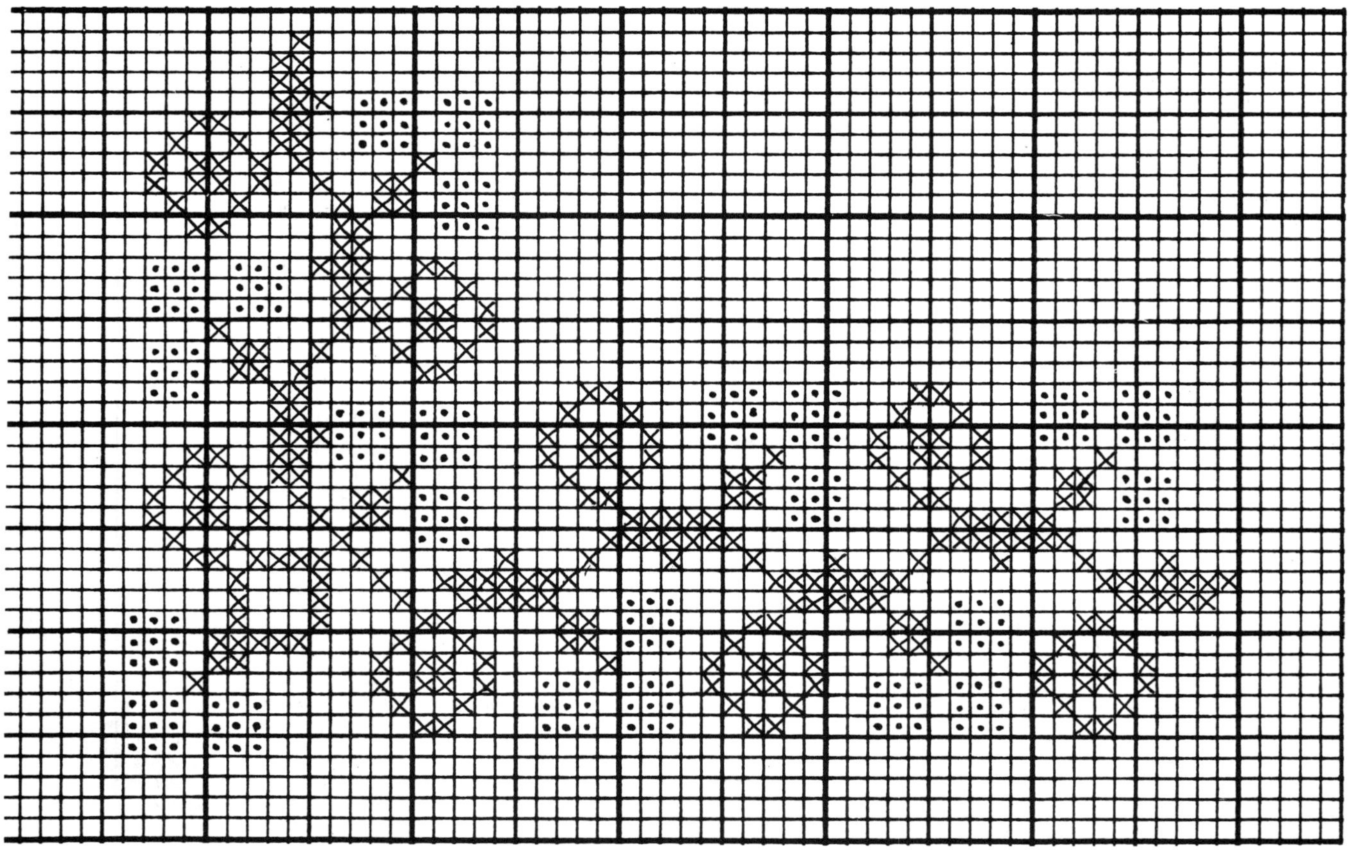

Markus

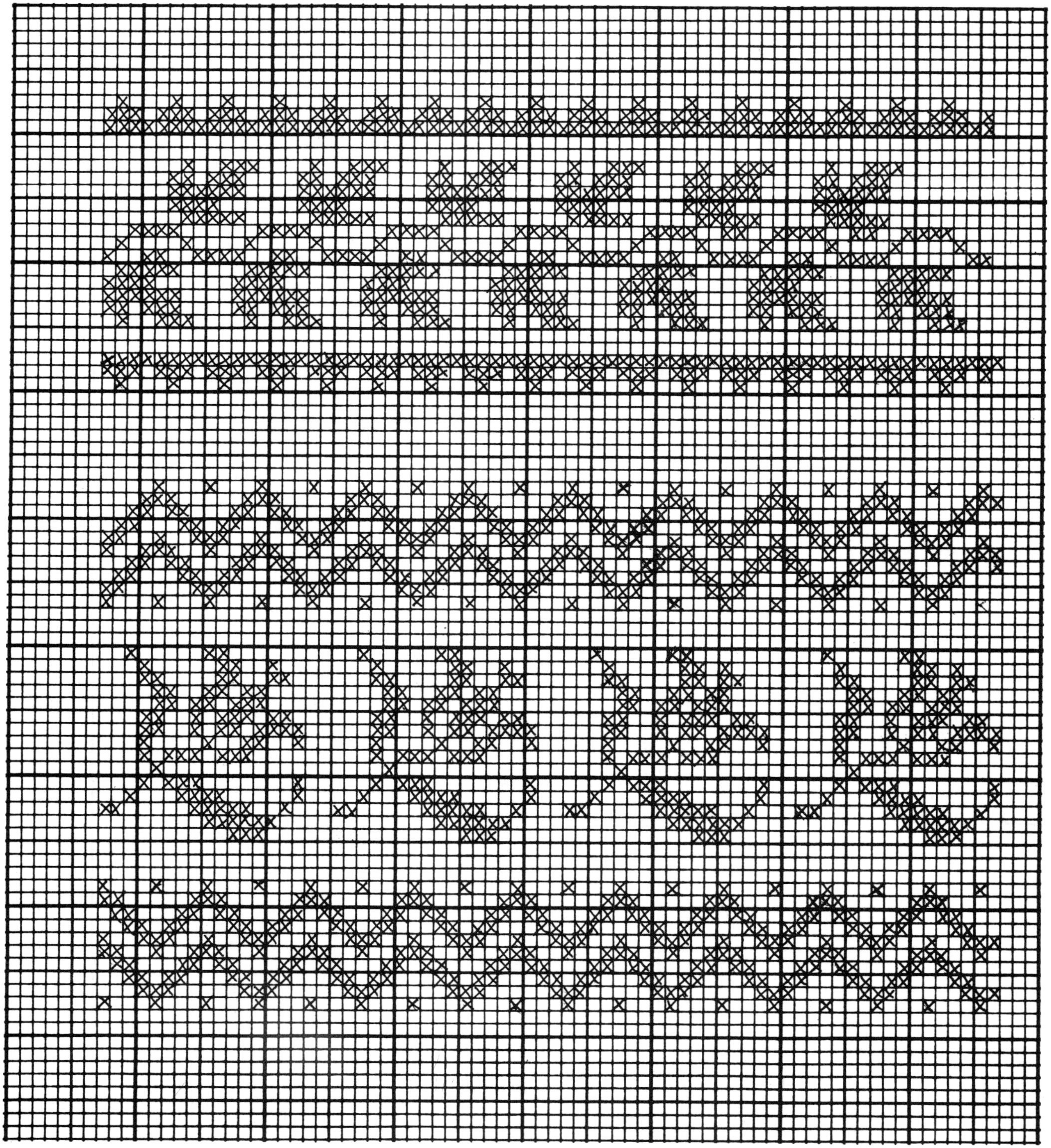

GLÜCK UND
GESUNDHEIT

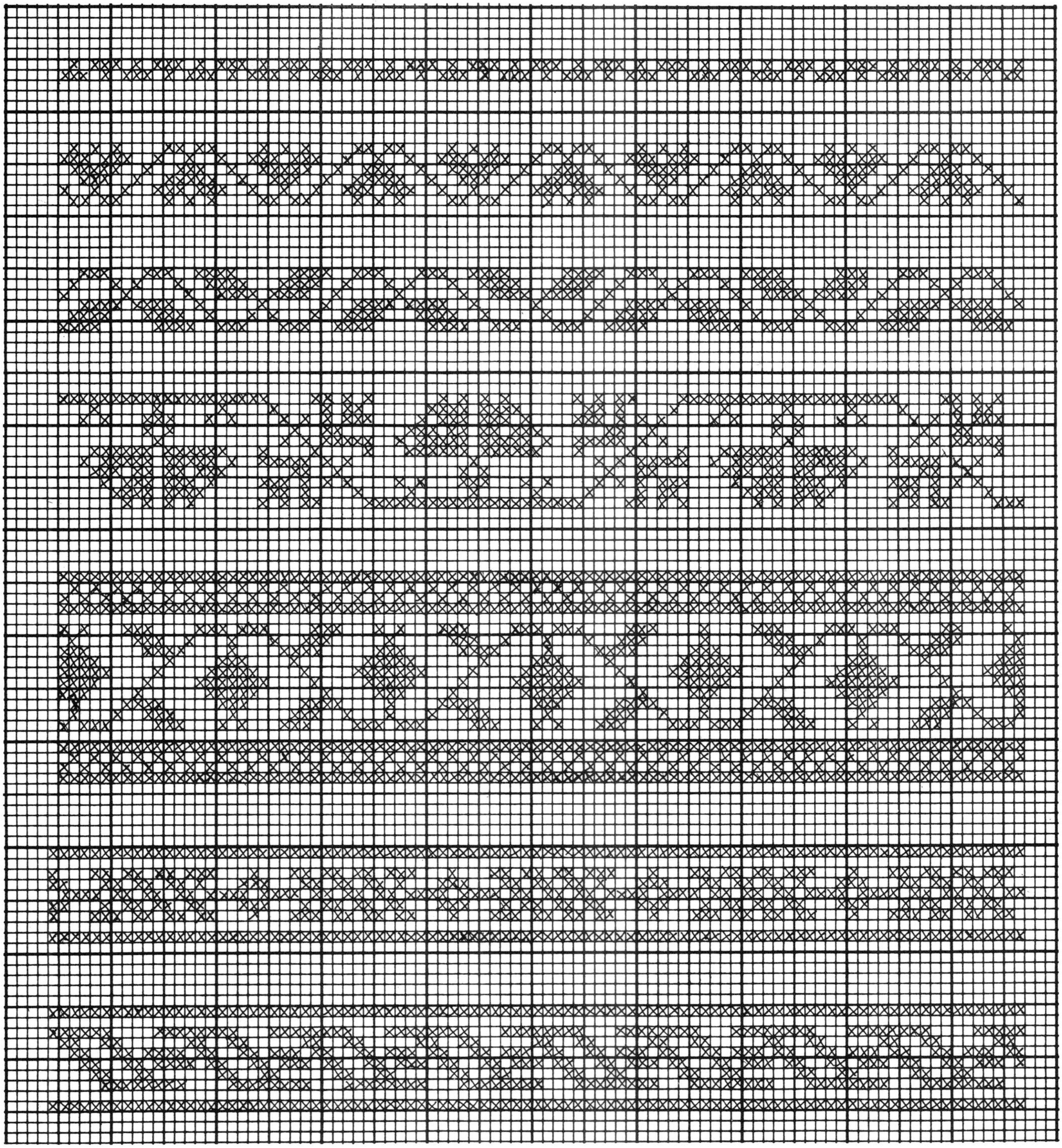

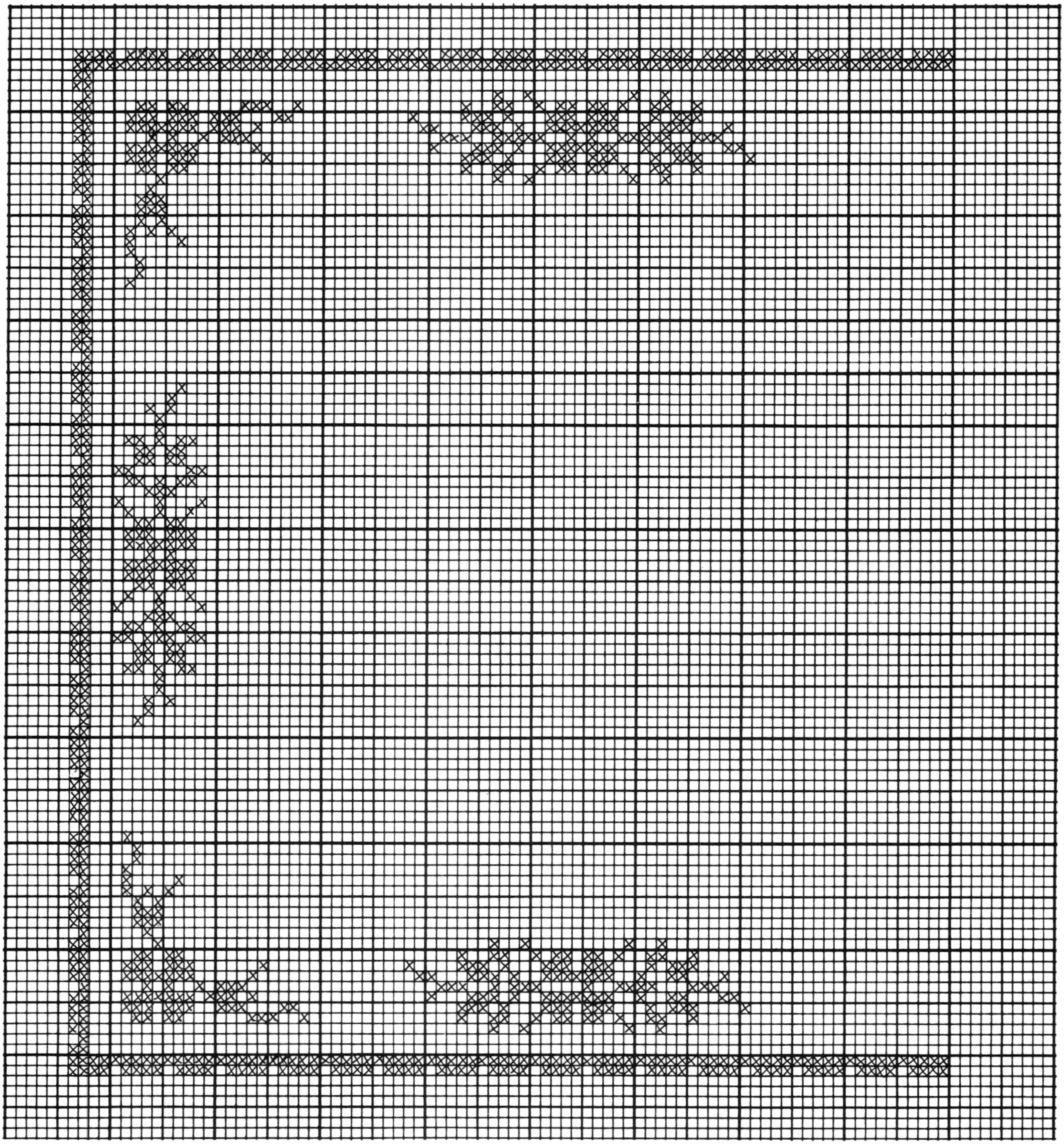

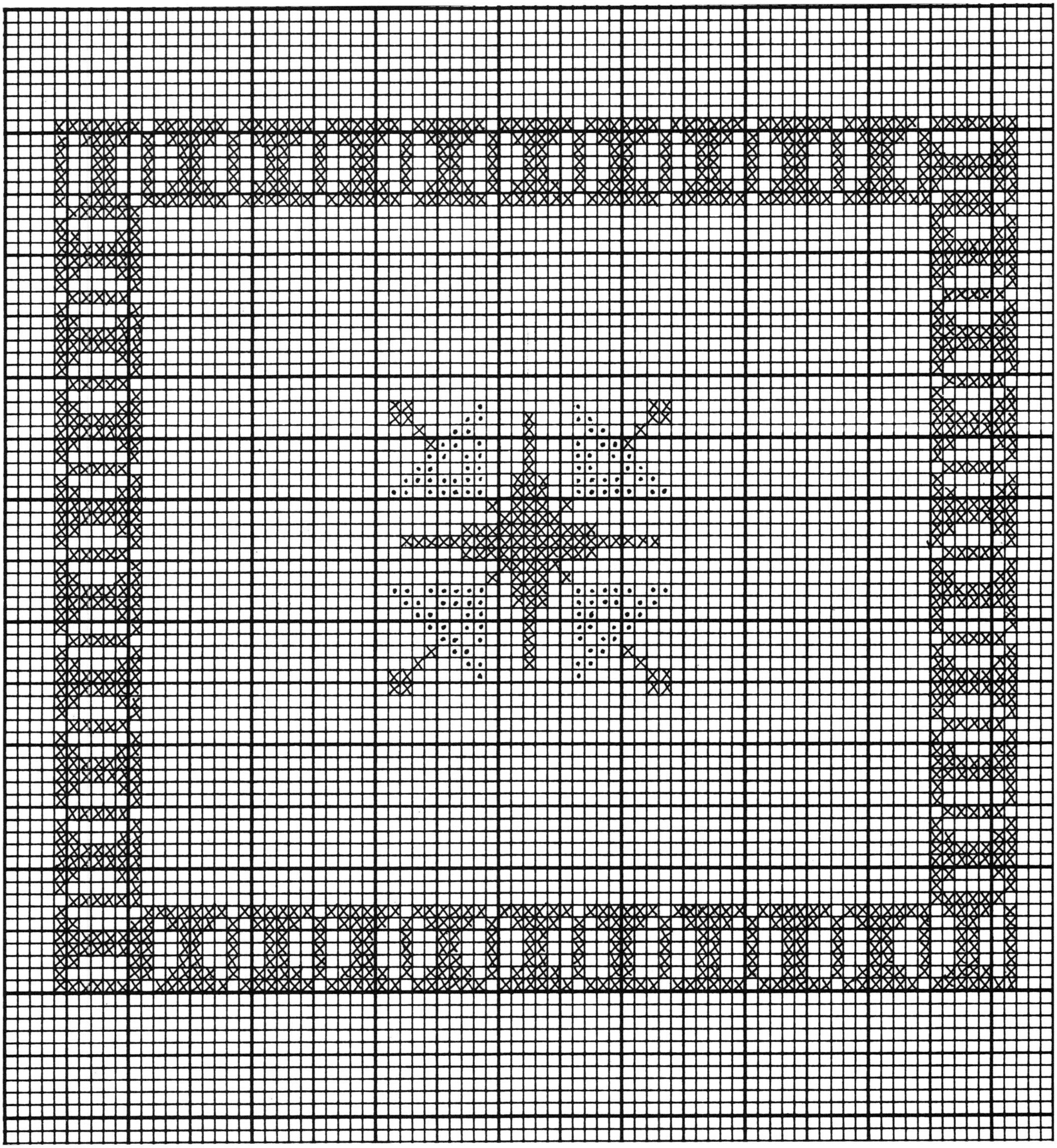

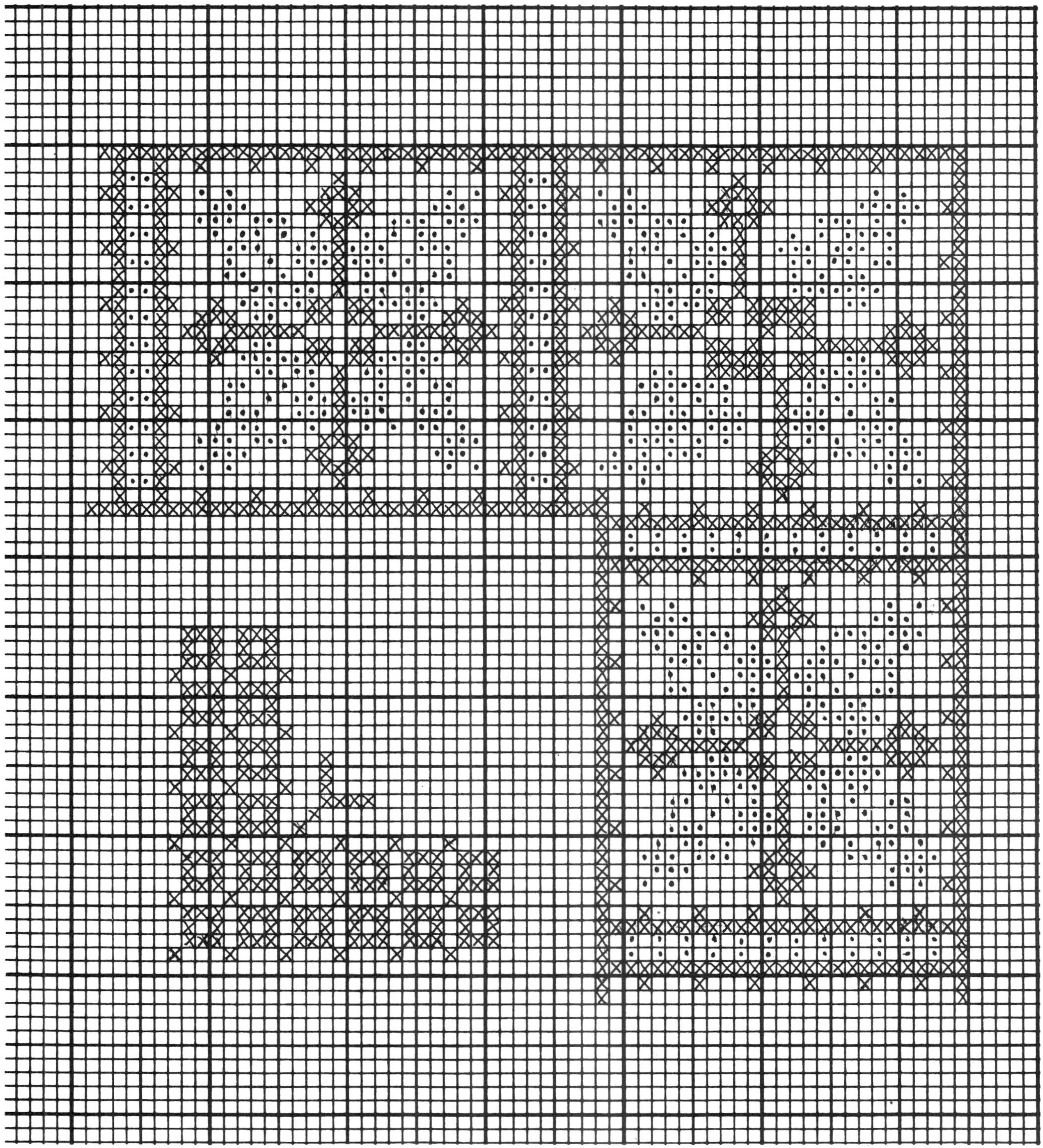

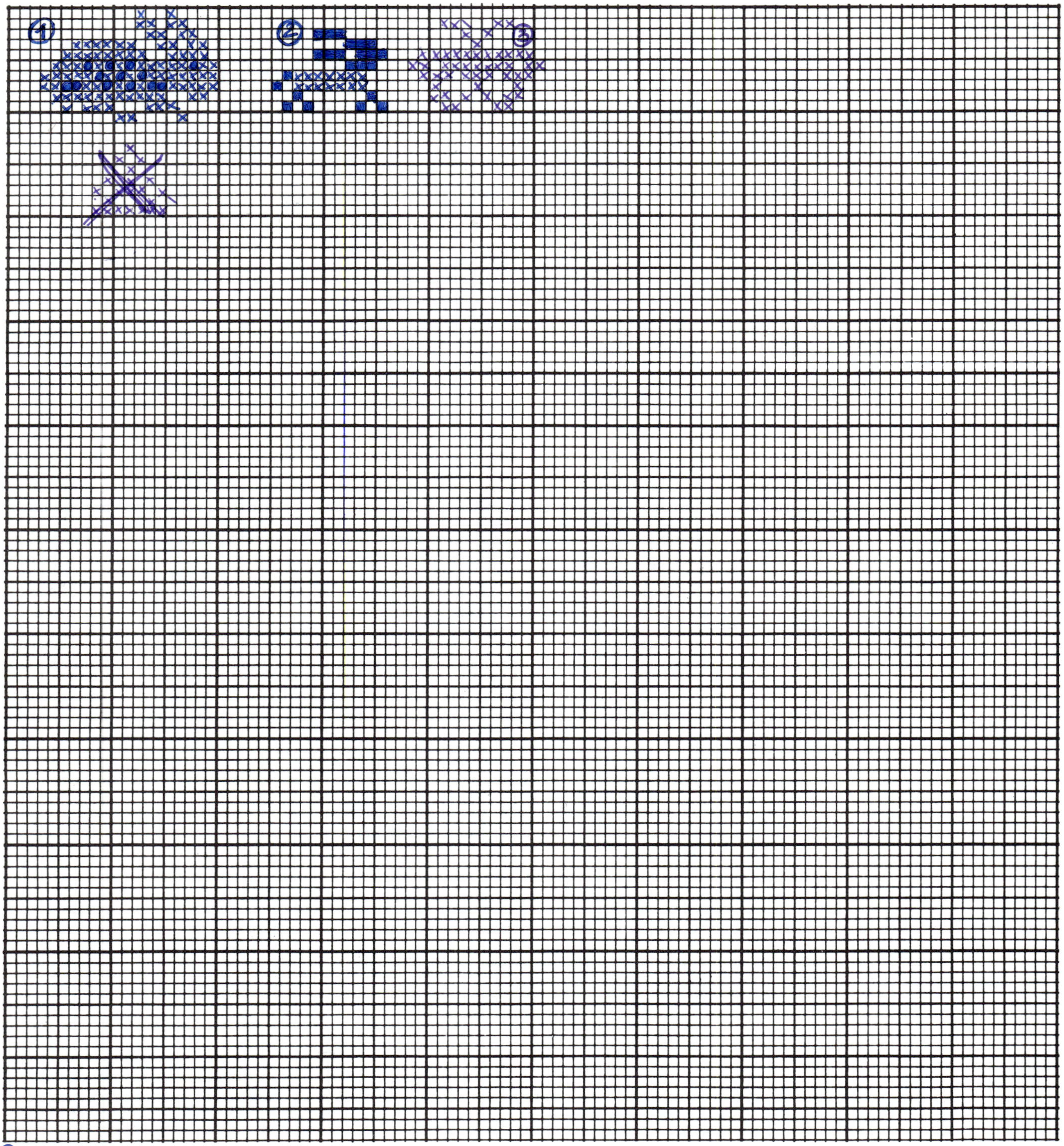

1 Hase
2 Hase
3

Literaturverzeichnis

Ulrike Zischka
„Stickmustertücher aus dem Museum für Deutsche Volkskunde"
Heft 33 der Bilderhefte der Staatlichen Museen Preußischer Kulturbesitz, Berlin 1985

Heide Sondermaier
„Symbogramm, Kreuz und Zauberknoten, Symbolik in der Stickkunst"
Tauriska Verlag 1991

Lehrbrief der Fa. MEZ AG, Freiburg, mit deren freundlicher Genehmigung.

Hedwig Diers/Mechthild Dünninghaus
„Kreuzstichstickerei"
Landwirtschaftsverlag Münster-Hiltrup 1992